宝宝一日三餐
吃喝学问

主编 李玉栋

辽宁科学技术出版社
·沈阳·

本书编委会

主　编　李玉栋

编　委　宋敏姣　李　想

图书在版编目（CIP）数据

宝宝一日三餐吃喝学问 / 李玉栋主编 .—沈阳：
辽宁科学技术出版社，2017.1
ISBN 978-7-5381-9775-4

I. ①宝… Ⅱ. ①李… Ⅲ. ①婴幼儿—食谱 Ⅳ.
① TS972.162

中国版本图书馆 CIP 数据核字（2016）第 074577 号

出版发行：辽宁科学技术出版社
　　　　　（地址：沈阳市和平区十一纬路 29 号 邮编：110003）
印 刷 者：辽宁新华印务有限公司
经 销 者：各地新华书店
幅面尺寸：168mm × 236mm
印　　张：10
字　　数：150 千字
出版时间：2017 年 1 月第 1 版
印刷时间：2017 年 1 月第 1 次印刷
责任编辑：王玉宝
封面设计：王怡滢
版式设计：湘岳图书
摄　　影：张　扬
责任校对：合　力

书　　号：ISBN 978-7-5381-9775-4
定　　价：29.80 元
联系电话：024-23284376
邮购热线：024-23284502

目录

CONTENTS

**第三章
营养美味的晚餐**

美好的 第一章 一天从早餐开始

怎样吃好早餐

你知道早餐有多重要吗？早餐，犹如雪中送炭，能使激素分泌很快进入正常直达高潮，并给"嗷嗷待哺"的脑细胞提供渴望得到的能源，犹如解冻的"电源开关"，及时地给大脑接通了活动所需的电流。

研究还表明，青少年不吃早餐，会直接影响智力发育。有学者曾对8~13岁少年儿童的早餐类型与智力发育的关系进行研究发现，吃高蛋白质早餐的孩子其智商的平均得分最高，其次为吃高糖分早餐的孩子，而不吃早餐的孩子智商得分最低。由此说明，对于处在生长发育阶段的少年儿童，不但要按时吃早餐，同时还要注意早餐的质量。

★不科学的早餐模式★

中国青少年研究中心少年儿童研究所赵霞提醒："为了孩子的健康，父母应告别3种不科学的儿童早餐模式。"

随意型：食物大多是前一天的剩饭，有什么吃什么，数量和营养都不能保证需要。

唯蛋白质型：只有一杯牛奶或一个煎鸡蛋，很少甚至完全没有糖类。吃这类早餐的孩子整个上午血糖都处于相对稳定的低水平，难以进行快速思维，记忆力也较差。

唯碳水化合物型：只吃馒头、稀饭，缺少蛋白质。这类儿童刚开始血糖水平较高，思维活跃，精力充沛，但血糖水平下降迅速，会造成思维和记忆能力的持续下降。

赵霞建议：早餐应包括谷类、蔬菜、水果、肉类和奶类，不要用含乳饮料来代替牛奶；经常变换早餐的花样，干稀结合，荤素搭配，粗细结合；不能图方便天天给孩子吃油条、麻团等油炸食品；父母应每天与孩子一同吃早餐。

★不正确的早餐认知★

没时间怎么办？

时间都是挤出来的，要想办法才是。

一是早点起；

二是前一天晚上提前做些准备工作，做一些半成品，早上粗加工一下即可；

三是早上加工方法一定要简单，操作省时。例如，把晚上煎好的鸡蛋放入烧饼中加上点生菜叶，用微波炉热一下，再热一下牛奶。

没胃口怎么办？

每天清晨起床饮一杯与体温有温差的白开水（根据体质可以选低于体温的，也可以选高于体温的）；饮用少量鲜柠檬泡的水，但此方法不适合胃肠功能不好的人；晚饭少食用一些不利于消化的菜肴，尤其孩子不要吃得过饱，这样会缓解清晨食欲不振。

★儿童早餐必须具备的特色★

1. 提供足够的热能

上午孩子活动消耗较大，需要的能量也较多，况且孩子除了因活动消耗能量需及时补充外，更需要大量营养素供给生长发育。安排孩子的早餐必有淀粉类的食品，如：馒头、粥、蛋糕、蒸饺等主食构成，这样更利于其他营养素的利用和吸收，也有利于促进孩子的生长发育。一般孩子早餐的热能应占一日总热能的 20% 。

2. 增加适量的蛋白质

蛋白质是生命的物质基础，更是孩子生长发育中最重要的营养物质之一，但机体不能储存过多的蛋白质，需要及时补充。应为孩子有选择地增加优质蛋白质的动物性原料，每天早餐中可安排蛋类或肉类，也可安排优质植物蛋白质的豆类和豆制品，经常安排洋葱牛肉包子、胡萝卜鸡茸馒头、肉糜酱汁黄豆、开洋烩香干丝、奶黄包子等，从而满足孩子健康成长的基本要求。

3. 选择合理的搭配

孩子的早餐，直接影响到孩子的健康。因此，在配制孩子早餐时更应注重各种食物的搭配，为孩子补充水分也很重要，干稀搭配有利于食物中各种营养素的吸收，如：牛奶加水果小蛋糕；白粥加肉松和枣香莲芸包；赤豆米仁粥加洋葱心菜牛肉小蒸饺，菜丝肉糜烂面加白煮鹌鹑蛋等组合，有利于孩子的消化和吸收。

4. 丰富多样的品种

早餐的品种是影响孩子食欲的因素之一，品种单一、口味单调的早餐，营养价值再高，也激发不了孩子的食欲，只有调配出口味丰富、品种多样的早餐，才能吸引孩子，从而激发孩子的食欲。通过甜咸搭配丰富孩子早餐的口味，形态各异的点心，引起孩子的兴趣，安排孩子食用甜粥、甜羹时，加上咸干点；食用咸粥、咸羹、汤面时，配备甜干点。也有白粥加上适量的营养炒菜和小蛋糕；冰糖银耳白糯粥与海带小肉月芽蒸饺的组成，还有香菜咸蛋麦片粥与松仁豆沙小兔包的组合，形成口味丰富，形态各异的儿童营养美食。

豆蓉水果小丸子

材料： 糯米粉、草莓味高乐高粉、香橙味果珍粉、糖粉、清水、开边绿豆（即去皮绿豆）、白砂糖、炼乳。

做法：

1. 将糯米粉过筛置于碗中。
2. 将草莓味高乐高粉和香橙味果珍粉分别加入清水，调匀，搅拌至粉末完全溶化。
3. 将糯米粉分成3等份，分别加入2种果汁以及糖粉和清水，揉合成三色粉团。
4. 将粉团分成3~4g一个的小剂子，搓成小丸子。
5. 将开边绿豆淘洗干净。
6. 倒入汤锅中，加入10倍量的清水，大火煮沸后转小火，煮15分钟左右，煮至绿豆熟软，但又没有开花的状态最好。
7. 滤出水分。
8. 取适量绿豆转入小碗中，倒入炼乳。
9. 将汤锅加水煮沸，下入小丸子，煮至再次沸腾时加入少量冷水，如此反复煮3~4次，至小丸子完全浮起时关火。
10. 将小丸子捞出撒在绿豆上即可。

番茄蘑菇拌面

材料： 湿面、番茄、鸡腿菇、姜末、蒜泥、食用油、食盐、酱油。

做法：

1. 番茄去皮切粒，鸡腿菇洗净切成丝。

2. 锅中放油，油热后放入姜末煸香，再放入鸡腿菇炒熟，放食盐盛出待用。

3. 用同样的方法将番茄炒熟（最好炒成泥状）。

4. 锅里放水，水沸腾后放面煮熟，捞出过凉水，然后滤干水分。

5. 将炒熟的鸡腿菇与番茄，加食盐、蒜泥、酱油与面条拌在一起即可。

南瓜蛋羹

材料： 小南瓜、鸡蛋、豌豆。

做法：

1. 将小南瓜洗净，从瓜身上半部连瓜蒂横切下来。

2. 用小勺将里面的瓜瓤、瓜子挖出。

3. 鸡蛋打散成蛋液，加入 1.5 倍水，少许食盐，彻底搅拌均匀，将蛋液盛入挖空的小南瓜中，再放入一些洗净的豌豆，蛋液的量约 8 成满。

4. 将南瓜盖盖在瓜身上，放入蒸锅中，蒸约 20 分钟至熟即可。

黑芝麻糊

材料： 黑芝麻、糯米粉、白糖。根据个人喜和来源任意选择加入核桃仁、小米、黑米、米、玉米、黑豆、红豆、黄豆、淮山以及其五谷杂粮。

做法：

1. 炒制黑芝麻粉：将黑芝麻洗净沥干水分，入烤箱调到150℃烘烤10分钟左右（没有烤放入锅中用小火炒熟也可），烤熟的黑芝麻入食品搅拌机中打成粉末状，放入储存罐中封保存。

2. 炒制糯米粉：糯米粉放入锅中用小火炒熟颜色变黄，备用（一次可多炒一点儿，放入封容器中保存即可）。

3. 将炒制好的黑芝麻粉、糯米粉和白糖2：1：1的比例用沸水冲调即可，芝麻糊浓稠度可以根据个人喜好酌量添加沸水调整也可以铝锅用慢火煮，不停地用勺搅动，很就越来越稠。稠到一定程度即可。

4. 同样方法也可以将辅料烘烤至熟后打磨粉，随自己喜好适量添加，即可调制出自己家秘制的黑芝麻糊啦。

蜜桃馒头

材料： 中筋面粉、温水、酵母、红苋菜汁。

做法：

1. 将面粉置于一大盆中，将酵母用温水调开，倒入盆中，在砧板上撒扑粉，揉成光滑的面团。

2. 盖上保鲜膜，放在温暖的地方发酵至2倍大，待发酵好后，将面团排气。

3. 将面团重新揉圆，搓成长条状。

4. 将长条状面团分切成20g一个的小剂子。

5. 将面团揉圆拉尖，中间部位用刮板压出印子，做成桃形，在尖部刷上红苋菜汁。

6. 将做好的桃放入蒸锅，盖上锅盖，蒸15~20分钟即可。

南瓜燕麦粥

●**材料：**南瓜、即食燕麦片、蔓越莓干或葡萄干。

做法：

1. 南瓜削去外皮，切成小块。小锅中加水，倒入南瓜块煮。

2. 锅中水开后，再煮 2~3 分钟南瓜块即已煮软，用打蛋器搅拌一下，使南瓜块成糊状。

3. 倒入燕麦片，搅拌匀。

4. 再倒入蔓越莓干或葡萄干，煮 1~2 分钟即可。

迷你小花三明治

材料： 吐司、粗火腿肠、小花饼干、番茄酱。

做法：

1. 吐司切片，用小花饼干切在吐司上压出小花形状。
2. 将粗火腿肠切成和吐司差不多厚的片，同样用小花饼干切压出花形。
3. 准备1小碟番茄酱，在吐司和火腿上刷上酱汁，只刷一面，反面不用刷。
4. 用水果叉将刷好酱汁的小花吐司片和火腿片交错穿起来，再装饰上水果即可。

番茄胡萝卜汁

材料：番茄、胡萝卜、柠檬、蜂蜜。

做法：

1. 将番茄洗净，切成小块。
2. 将胡萝卜洗净去皮，切成块状。
3. 将柠檬洗净，用压榨器取汁。
4. 将材料放入榨汁机中，加入蜂蜜和水，搅打均匀即可。

山药苹果酸奶

材料：山药、苹果、柠檬、蜂蜜、酸奶。

做法：

1. 将山药洗净去皮，切块。
2. 柠檬切小片。
3. 将苹果洗净，去皮去核，切块。
4. 将材料放入榨汁机中，倒入酸奶和蜂蜜，搅打均匀即可。

番茄鸡蛋面条

● **材料**：番茄、鸡蛋、面条、食用油、食盐。

做法：

1. 番茄去皮切成粒，鸡蛋搅散。
2. 食用油置于热锅中，油热后放水、番茄粒，水开后放入面条。
3. 面条熟后将鸡蛋均匀地淋在面锅里，并轻轻搅拌，最后放入食盐，起锅。

葱香蛋炒馒头

材料: 馒头、鸡蛋、香葱、食用油。

做法:

1. 馒头切成小丁,鸡蛋加少许盐打散成蛋液,香葱洗净切碎。

2. 把馒头丁和香葱碎倒入蛋液中,搅拌均匀,使馒头都均匀地沾上蛋液。

3. 锅烧热,倒入少许油,把蛋液馒头倒入锅中。

4. 慢慢翻炒至蛋液凝固即可出锅。

菠菜豆腐泥

材料: 豆腐、菠菜、红椒、食用油、食盐。

做法:

1. 豆腐放入大碗中,用勺子压碎。

2. 菠菜洗净沥去水分,烧一锅开水,将菠菜放入开水中焯烫1分钟后捞出沥水,稍凉凉后切碎。将红椒洗净切碎。

3. 炒锅烧热,倒少许食用油,倒入豆腐碎,略翻炒。

4. 倒入菠菜碎和红椒碎,调入食盐翻炒均匀即可出锅。

花朵口袋三明治

材料: 白吐司、果酱（口味自
选）、胡萝卜、青椒、火腿、
沙拉酱。

做法:

1. 取一片白吐司在其中间部位
抹上果酱。

2. 再取另一片白吐司放在抹_
果酱的白吐司上。

3. 用方形口袋吐司模具按出F
状，去除多余的边角。

4. 将另外两片白吐司也按如_
步骤操作。

5. 用刻花模具在胡萝卜、
椒、火腿上压出花朵和叶子
小件。

6. 用少量沙拉酱将小件粘在
司上，拼成喜欢的形状。

骨髓上汤面

●**材料：** 猪大骨、龙须面、油菜、食盐、姜片、八角、米醋。

做法：

1. 猪大骨砸碎，放入水中，加姜片、八角熬煮成上汤（水中加米醋，以便钙质析出）。
2. 将未析出的骨髓用小勺掏出，骨头捞出。
3. 将龙须面下入汤中，熟后下入油菜，再放食盐即可出锅。

小米豆浆

材料： 黄豆、小米。

做法：

1. 将黄豆用清水浸泡 8 小时至泡发，洗净。
2. 将小米淘洗干净，用清水浸泡 1 个小时。
3. 将泡好的黄豆和小米放入豆浆机中，按机器容量加水，煮至豆浆机提示豆浆已经制作完成。
4. 过滤豆渣后倒出豆浆即可。

糙米豆浆

材料： 黄豆、糙米。

做法：

1. 将黄豆用清水浸泡 8 小时至泡发，洗净。
2. 将糙米淘洗干净，用清水浸泡 1~2 个小时。
3. 将泡好的黄豆和糙米放入豆浆机中，按机器容量加水，煮至豆浆机提示豆浆已经制作完成。
4. 过滤豆渣后倒出豆浆即可。

蜜豆紫米金瓜盅

材料 小金瓜、红豆、蜂蜜、紫米、白砂糖。

做法：

1. 取红豆 100g。
2. 淘洗干净。
3. 倒入高压锅中，加入 5 倍量的清水，大火烧上汽后转小火，压制 20 分钟。
4. 将红豆捞出，加入蜂蜜拌匀，如果密封放入冰箱冷藏 1~2 天味道会更好。
5. 将紫米淘洗干净。
6. 倒入锅中，加入 5 倍量的清水，加入白砂糖，大火煮沸后转小火。
7. 煮至紫米开花时捞出，沥干水分。
8. 将小金瓜去皮。
9. 用小刀切出花边，去盖，掏空瓤籽。
10. 将蜜红豆与紫米混合拌匀装入小金瓜中。
11. 放入注水的蒸锅中。
12. 盖上锅盖，大火烧上汽后转小火，蒸 20 分钟左右即可。

紫薯红豆羹

材料： 紫薯，熟红豆。

做法：

1. 紫薯削去外皮，切成小块。
2. 小锅中加入适量水，把紫薯块放入。
3. 煮至紫薯软烂，用搅拌器将紫薯泥搅拌匀。
4. 将熟红豆倒入，搅拌均匀成糊状即可。

枣泥猪肝粥

材料： 红枣、猪肝、鸡蛋黄、粳米、食用油、食盐。

做法：

1. 红枣剥去外皮及内核，将枣肉剁碎。
2. 猪肝稍煮，压成猪肝泥；鸡蛋黄压成蛋黄泥。
3. 锅中放水，水开后放粳米。再开后放枣碎和猪肝泥，加入食用油煮成粥。
4. 粥熬制烂熟后，加入食盐、蛋黄泥，稍做搅拌即可。

愤怒的小鸟玉米窝头

材料： 玉米粉、糯米粉、中筋面粉、糖粉、面粉、可可粉、黑芝麻粉、黑芝麻、蛋清。

做法：

1. 将各种面粉混合均匀，加入清水、糖粉，搅拌均匀。
2. 揉合成均匀的面团。
3. 搓成长条状。
4. 分切成 30g 左右一个的小剂子。
5. 将小剂子逐一搓圆。
6. 用稍粗一点儿的圆头小棍顶住原团中间，用掌心搓捏成圆锥状。
7. 将面粉分成 3 份，一份加入可可粉，一份加入黑芝麻粉，再分别加入适量清水揉和搓圆成小面团。
8. 将白色面团与可可面团分别擀成 0.3cm 厚的片，白色面片用小

号圆形花嘴细的那一头，刻出小圆片，做小鸟的眼睛，可可面团用小刀切出小细条，做小鸟的眉毛。

9. 另取一块可可面团，捏成前平后尖的形状，并用剪刀剪开，做成小鸟的嘴。
10. 取两小片黑芝麻面团捏成水滴状。
11. 用剪刀剪出三道开口。
12. 将剪开的部分拉长，用牙签沿着开口处压出纹路，并用手稍稍捏合旋转，做成小鸟头部的羽毛和尾巴。
13. 最后将各个部件用蛋清粘连起来，白色面皮中间点上黑芝麻做眼珠。
14. 放入蒸锅，大火蒸 20 分钟即可。

鲷鱼汉堡

●**材料：** 鲷鱼片、汉堡坯、面粉、番茄、奶酪片、生菜叶、食盐、食用油、番茄酱。

做法：

1. 鲷鱼片化冻后洗净，沥干水分，在鱼片上均匀地抹少许食盐，再薄薄地拍一层面粉。

2. 平底锅加热，倒入少许食用油，将鱼片放入煎至两面金黄。

3. 将番茄洗净切成薄片，生菜叶洗净沥干水分。汉堡坯打开，均匀地涂一层番茄酱。

4. 依次放入生菜叶、奶酪片、番茄片。

5. 将煎好的鲷鱼片放上。

6. 最后放上一片生菜叶，将汉堡坯的盖放上，汉堡就做好了。

简易红豆卷饼

● **材料：** 春饼、红豆馅、核桃仁。

做法：

1. 将圆形的春饼四周切去，切成正方形，上锅蒸软。
2. 核桃仁切碎，将蒸好的春饼皮摊开，抹一层红豆馅，再撒上少许核桃碎，并将核桃碎压入红豆馅内。豆馅不要涂得太厚太满，四边要留一些空隙。
3. 将饼从一边卷起成卷，再用刀切成小块即可。

糊塌子

材料： 西葫芦、胡萝卜、鸡蛋、面粉、食盐、香油、食用油。

做法：

1. 将西葫芦和胡萝卜分别削去外皮，用擦丝器分别擦成细丝后搅拌匀。
2. 打入鸡蛋，搅拌均匀。
3. 将面粉倒入，充分搅拌成较稀的面糊。
4. 调入少许食盐和香油，再搅拌均匀。
5. 平底锅烧热，倒入少许食用油，转动锅身，使油均匀地铺满锅底，盛 1 勺面糊倒入锅中，转动使面糊摊开铺满锅底，小火加热。
6. 待底部凝固，面饼可以在锅中移动时，将面饼翻个面再继续烙 1~2 分钟即可出锅装盘。

草莓蛋乳汁

材料： 草莓、新鲜蛋黄、柠檬、蜂蜜、鲜奶。

做法：

1. 将草莓洗净，去除梗蒂。
2. 将柠檬去籽，切成小块。
3. 将材料放入榨汁机中，加入蛋黄、蜂蜜和牛奶，高速搅打25秒即可。

蜂蜜沙田柚汁

材料： 沙田柚、柠檬、蜂蜜、凉开水。

做法：

1. 将沙田柚去皮去籽，取果肉。
2. 将材料放入榨汁机中，加入蜂蜜和凉开水，搅打均匀，倒入杯中。
3. 将柠檬洗净，用压榨器取汁，倒入杯中，搅匀即可。

鲜虾白菜包

●**材料：** 鲜虾仁、豌豆、鸡蛋、白菜叶、番茄沙司、食用油、食盐。

做法：

1. 虾仁切成丁，洗净的白菜叶放入沸水中焯软捞出，沥干水分待用。

2. 热锅凉油，倒入豌豆，再淋入少许水，将豌豆炒至半熟。

3. 倒入虾仁粒，翻炒。

4. 炒至虾仁变色，调入食盐翻炒均匀关火盛出待用。

5. 鸡蛋打散炒熟。

6. 将炒好的豌豆虾仁倒入，炒匀即可。

7. 焯好的白菜叶铺开在平盘中，倒入一些炒好的虾仁，再将菜叶包起来即可。

8. 可以直接吃，也可以在上面淋一些番茄沙司。

芝麻酱抹吐司

材料： 吐司片、黑芝麻酱或白芝麻酱、红糖或白糖。

做法：

1. 取一片吐司，用勺子或餐刀在吐司上均匀地抹一层芝麻酱，在上面均匀地撒层红糖或白糖。

2. 再放上一片吐司盖住即可。

3. 直接吃或切成小块吃皆可，也可以事先将芝麻酱和糖一起搅拌均匀，再一起抹到吐司上。

4. 红糖和白糖有不同的风味，而砂糖则更增加了不同的口感，可根据个人喜好自行选择，如果不喜欢放糖，也可以用蜂蜜代替，味道也相当不错。

杂粮粥

材料： 红豆、绿豆、紫米、薏米、小米、糯米、燕麦米、大麦仁、青稞米。

做法：

1. 把所有材料淘洗干净，放入砂锅中。

2. 加入 8~10 倍的水，盖好砂锅盖，开火煮。煮至锅中水沸腾，关火，不打开锅盖，闷 1 小时。

3. 闷够时间后，再次开火煮，待锅中再次沸腾，关火继续闷 1 小时即可。

鲜虾饭团

材料： 鲜虾、香芹、米饭、食盐、香油。

做法：

1. 鲜虾去虾线、虾头、虾壳，虾尾部的壳要留下。
2. 香芹洗净，焯水后切碎，虾焯熟。
3. 将香芹碎倒入米饭中，加入少许香油、食盐拌匀。
4. 取1张保鲜膜，盛少许芹菜饭放入保鲜膜，再放1只虾。
5. 将保鲜膜团起，用手整形，使米饭将虾包裹在中间，虾尾露出即可。

南瓜牛奶乳

●**材料**：南瓜、橙子、柠檬、牛奶、冰糖。

做法：

1. 将南瓜洗净，去皮，切成小块放入锅中蒸熟，摊凉。
2. 将橙子剥皮，撕成小瓣。
3. 将柠檬洗净，用压榨器取汁，将冰糖敲碎。
4. 将材料放入榨汁机中，加入牛奶，搅打均匀即可。

红豆沙小鱼汤圆

材料： 糯米粉、糖粉、色拉油、红豆沙。

做法：

1. 将糯米粉和糖粉倒入碗中并混合。
2. 加入同等比例的水，用筷子搅拌成团。
3. 抹平表面，放入注水的蒸锅。
4. 盖上锅盖，大火煮沸后转小火，蒸 20~25 分钟。取出凉至稍凉。
5. 取小鱼饭团模具 1 个，打开模具将内壁刷上少量色拉油。
6. 掌心抹色拉油，将糯米团分切成适量大小后搓成团。
7. 将搓好的糯米团按入小鱼模具中。
8. 将做好的小鱼糯米团扣入盘中。
9. 另取 1 碗，将红豆沙装入碗中。
10. 加入一半比例的开水。
11. 搅拌均匀。
12. 将其倒入小鱼盘中即可。

什锦面条

材料： 面条、猪肝、虾、莴笋叶、鸡蛋、肉末、葱、蒜苗、姜、食用油、食盐、鸡汤。

做法：

1. 猪肝煮熟后剁碎。
2. 虾用开水烫一下，剥壳。
3. 莴笋叶切碎，鸡蛋打到碗里，搅拌一下。
4. 葱和蒜苗切碎，姜切成粒。
5. 食用油倒入热锅，将姜末煸炒一下，再倒入搅好的鸡蛋、肉末和虾，（先炒鸡蛋，鸡蛋凝成固体后放肉末，最后放虾，或分开炒亦可）稍炒一下后盛出。
6. 锅内放入鸡汤，汤开后下面条，面条快熟时，下入猪肝泥、莴笋叶、虾和鸡蛋，葱、蒜苗，然后关火，放食盐即可。

双色玫瑰花卷

材料： 中筋面粉、酵母粉、南瓜。

做法：

1. 取酵母粉加入150g温水中，搅拌均匀，静置3分钟。
2. 取一大盆，加入面粉，将酵母水倒入面粉中。
3. 混合均匀后揉和20分钟左右至光滑的面团。
4. 放入大盆中，盖上保鲜膜。
5. 发酵至面团2~2.5倍大。
6. 在发酵面团的同时，将南瓜去皮切小块。
7. 放入蒸锅中蒸至熟烂。
8. 将南瓜倒入大碗中碾压成泥。
9. 在南瓜泥中加入200g面粉，视干稀程度加入适量水。

10. 搅拌均匀后揉和成光滑的面团，同样包上保鲜膜发酵至2倍大。
11. 将两种面团排气重新揉圆，分成约25g一个的小剂子，逐一搓圆。
12. 将小剂子逐一擀成圆形面皮，一张黄色一张白色，交错叠放，最后取一张面片滚成圆筒状，放在最下面。
13. 从下往上滚起包成圆筒状。
14. 从中对切。
15. 将切开的面团竖放，将边缘稍稍翻开，整理成玫瑰花形。
16. 生坯下垫烤纸，放入蒸锅中，大火蒸20分钟左右，关火后不要开盖，再虚蒸5分钟，开盖取出即可。

绿豆豆浆

材料：绿豆。

做法：

1. 将绿豆洗净，用清水浸泡约4 小时至泡发。
2. 将泡好的绿豆放入豆浆机中，按机器容量加水，煮至豆浆机提示豆浆已经制作完成。
3. 过滤豆渣后倒出豆浆即可。

碧绿豆浆

材料：青豆、鲜豌豆。

做法：

1. 将青豆用清水浸泡 8 小时至泡发，洗净。
2. 将豌豆洗净。
3. 将泡发的青豆和豌豆放入豆浆机中，按机器容量加水，煮至豆浆机提示豆浆已经制作完成。
4. 过滤豆渣后倒出豆浆即可。

可丽饼

材料： 鸡蛋、牛奶、糖粉、低筋面粉、黄油、蜜红豆、椰蓉、糖粉、巧克力酱。

做法：

1. 鸡蛋打入一大碗中。

2. 加入牛奶。

3. 用打蛋器搅打均匀。

4. 将低筋面粉与糖粉混合，筛入碗中。

5. 再次搅打均匀。

6. 平底不粘锅大火烧热，转小火，锅底抹少量熔化黄油。

7. 倒入蛋液转动，摊成光滑均匀的饼皮。

8. 关火，在饼皮的一角撒上蜜红豆和椰蓉。

9. 将饼皮对折再对折成三角形。

10. 最后取出装盘，表面筛上糖粉，挤上巧克力酱即可。

肝香蒸蛋

●**材料：** 鸡蛋、西蓝花、猪肝。

做法：

1. 猪肝洗净，切成片，再冲洗几遍，鸡蛋打散成蛋液，西蓝花洗净切碎。

2. 将猪肝放入水中煮熟后捞出，切碎。

3. 蛋液中加入两倍的水，倒入切碎的西蓝花，搅拌均匀。

4. 放入蒸锅中，蒸 5~6 分钟。

5. 将猪肝碎倒在蛋羹上，再蒸 2~3 分钟即可，吃的时候，可在蛋羹上淋少许生抽和香油。

雨花石汤圆

材料： 糯米粉、可可粉、红曲粉、糖粉、红豆沙馅、白砂糖。

做法：

1. 糯米粉分成 3 等份装入 3 个小碗中，分别筛入可可粉，红曲粉和糖粉。

2. 将 3 个碗分别加入适量清水，拌匀揉搓成团。

3. 将 3 种颜色的粉团混合成团，搓成长条状。

4. 分切成小剂子。

5. 取 1 个小剂子搓圆按扁，装入 1 小块红豆沙馅。

6. 包口收圆后搓成团。

7. 将其他小剂子也逐一按照上述步骤完成。

8. 煮一锅水，加入白砂糖，大火烧沸。

9. 下入汤圆，煮至再次沸腾时加入少量冷水，再次煮沸后再加入少量冷水。

10. 如此反复 3~5 次，至汤圆完全浮起时，再煮 1~2 分钟关火。盛入小碗中即可食用。

吐司披萨

材料： 吐司、煮鸡蛋、洋葱、鲜蘑、芹菜叶、玛苏里拉奶酪、番茄酱、食用油、食盐。

做法：

1. 煮鸡蛋去壳切成小块，洋葱洗净切成碎丁，鲜蘑洗净撕成小朵。

2. 锅烧热倒入食用油，下少许洋葱丁爆香，倒入蘑菇翻炒。

3. 炒至蘑菇变软，体积缩小，倒入洋葱丁炒香，调入少许食盐炒匀后盛出。

4. 吐司片上抹少许番茄酱（也可不抹）。

5. 将炒好的洋葱、鲜蘑放在吐司片上，再放上切碎的熟鸡蛋。

6. 放上一些洗净的芹菜叶，撒上一层玛苏里拉奶酪。

7. 把做好的披萨放入平底锅中，盖上锅盖，小火加热至奶酪融化即可。

红豆圆子

材料：糯米粉、熟红豆、红糖。

做法：

1. 将温水倒入糯米粉中，和成面团。

2. 取一点儿面团，搓成小圆球，将所有面团都搓好。

3. 锅中水煮开，将小圆子倒入锅中。

4. 待小圆子煮至快要浮起，将红豆倒入锅中，待所有圆子浮起，圆子就煮熟了，在汤中加入少许红糖即可。

番茄蛋炒饭

材料: 番茄、鸡蛋、豌豆、剩米饭、番茄酱、食用油。

做法:

1. 番茄洗净切小块,鸡蛋打散成蛋液。
2. 鸡蛋炒熟用铲子铲成小块盛出待用。
3. 锅中再倒入少许食用油,将番茄块和豌豆一起倒入锅中,翻炒一会儿至番茄出汤、豌豆熟。
4. 将炒好的鸡蛋、番茄酱和剩米饭倒入锅中。
5. 不断翻炒均匀即可。

菠菜虾仁蛋饼

材料： 鲜虾仁、菠菜、鸡蛋、食盐、料酒、食用油。

做法：

1. 将虾仁切成小丁，菠菜洗净焯水后捞出切碎，鸡蛋加少许食盐和料酒打散成蛋液。

2. 将菠菜碎倒入蛋液中，搅拌匀。

3. 炒锅烧热，倒入少许食用油，将虾仁粒倒入炒至虾仁变色。

4. 将菠菜蛋液倒入锅中，轻轻晃动锅身，使蛋液铺满锅底。

5. 待蛋液表面凝固即可。

蛋煎馒头片

材料： 凉馒头、鸡蛋、食盐、食用油。

做法：

1. 凉馒头切成约1cm厚的片。鸡蛋打散，调入少许食盐打散成蛋液。

2. 将切好的馒头片在蛋液中沾一下，使整个馒头片都沾上蛋液。

3. 平底锅烧热，倒入少许食用油，将沾好蛋液的馒头片放入锅中，小火慢煎。

4. 煎至底部呈金黄色，将馒头片翻面，煎至另一面也呈金黄色即可。

煎鸡蛋

●**材料：** 鸡蛋、洋葱、食用油。

做法：

1. 将洋葱横卧对剖，取半个洋葱切出约 1cm 厚的圈。
2. 取最外层最大的洋葱圈，放入平底锅中。
3. 开火，将锅烧热，在洋葱圈中倒入几滴食用油，将鸡蛋打入洋葱圈中煎。
4. 待蛋液凝固，可以在锅中移动时，将鸡蛋翻面，煎至鸡蛋熟即可。

醪糟鸽子蛋

●**材料：** 鸽子蛋、醪糟、白糖。

做法：

1. 锅中加水烧开，鸽子蛋磕到碗里。
2. 将鸽子蛋倒进沸水中，水再开后倒入醪糟。
3. 加入白糖，待水再次沸腾即可关火出锅。

胡萝卜豌豆浆

材料: 鲜豌豆、胡萝卜、鲜玉米。

做法:
1. 将鲜豌豆洗净。
2. 将胡萝卜洗净切成小块。
3. 将玉米粒切下来。
4. 将3种材料一起倒入豆浆机中,按容量加入水,制成豆浆。
5. 过滤掉豆渣倒出豆浆即可。

百合南瓜浆

材料: 黄豆、南瓜、鲜百合。

做法:
1. 将黄豆洗净,用清水浸泡8小时至泡发,洗净。
2. 将南瓜削去外皮,切成小块,将鲜百合洗净。
3. 将3种材料一起倒入豆浆机中,按容量加入水,制成豆浆。
4. 过滤掉豆渣倒出豆浆即可。

小熊三明治

材料: 吐司、圆白菜、鸡蛋、彩椒、番茄酱、食用油、食盐。

做法:

1. 圆白菜洗净切碎，鸡蛋打散成蛋液，彩椒切碎。
2. 将鸡蛋炒熟盛出待用。
3. 锅再烧热倒少许食用油，倒入圆白菜炒软。
4. 倒入彩椒丁和番茄酱。
5. 倒入炒好的鸡蛋，略加少许食盐，炒匀出锅。
6. 将炒好的菜盛一些在 1 片吐司上，再盖上另 1 片吐司，用小熊模具压出形状。
7. 去除吐司边角。
8. 将吐司边角撕成小块，和剩下的菜拌在一起，成为吐司沙拉。

香炒燕麦片

材料: 燕麦片、大杏仁、蔓越莓干、食用油。

做法:

1. 将大杏仁、蔓越莓干切碎。
2. 锅烧热倒入食用油,倒入燕麦片,小火加热,不断翻炒。
3. 炒约3分钟至麦片颜色开始变深,倒入杏仁碎炒香,最后倒入蔓越莓干碎。再翻炒一小会儿,至材料全部散开,颜色变深即可。

三鲜蒸水蛋

材料: 鸡蛋、虾仁、香菇、鱼肉、葱姜蒜末、食用油、料酒、食盐。

做法:

1. 香菇、虾仁、鱼肉均剁为泥。
2. 锅中烧热放食用油,油热后放葱姜蒜末煸炒至香味溢出。
3. 放入香菇、鱼肉泥、虾仁泥和料酒煸炒。
4. 鸡蛋打入碗中,加食盐与水打匀,放入蒸锅。
5. 蒸锅水沸之后1分钟放入煸炒好的三鲜泥于鸡蛋中,搅匀,继续蒸6分钟即可。

三宝羹

●**材料：** 红薯、南瓜、山药、熟白芝麻。

做法：

1. 南瓜削去外皮，山药、红薯洗净，分别切成小块。
2. 将几样材料放入锅中蒸熟，趁热剥去山药和红薯的外皮。
3. 将蒸熟的几样材料放入大碗中，搅拌成泥。
4. 盛入碗中，撒些熟白芝麻即可。

奶香玉米饼

材料： 玉米面、面粉、牛奶、白糖、酵母粉、食用油。

做法：

1. 将全部材料倒入大碗中，混合。
2. 揉成面团，放在温暖处发 20 分钟。
3. 平底锅烧热，倒入少许食用油。取一小块面团，揉成小饼状，依次放入锅中，小火煎至底部金黄。
4. 将小饼翻面，煎至两面金黄，可以闻到香浓的玉米香味即可。

花生豆奶

材料： 黄豆、花生米、牛奶。

做法：

1. 将黄豆用清水浸泡 8 个小时至泡发，洗净。

2. 将花生米洗净后浸泡 1~2 个小时。

3. 将泡好的黄豆和花生米倒入豆浆机中，按机器容量加水，煮至豆浆机提示豆浆已经制作完成。

4. 过滤豆渣后倒出豆浆，待晾至温热后再与牛奶混合即可。

枣香核桃豆浆

材料： 黄豆、核桃仁、干红枣。

做法：

1. 将黄豆洗净，用清水浸泡 8 个小时至泡发后洗净。

2. 将核桃仁用清水冲干净，掰成小块。

3. 将干红枣洗净，去掉枣核，将枣肉切成小块。

4. 将几种处理好的材料一起放入豆浆机中，加水制成豆浆。

5. 过滤掉豆渣，倒出豆浆即可。

香菇柿子椒肉丝拌面

● **材料:** 面条、瘦肉丝、香菇、柿子椒、酱油、淀粉、食用油、食盐、姜蒜片。

做法:

1. 柿子椒切丝,香菇切丝,肉丝加少许水和食盐用淀粉勾芡稍腌。

2. 热锅放食用油,油八分热时加肉丝和姜蒜片爆炒半分钟。

3. 锅中加香菇与柿子椒同炒,成为香菇柿子椒肉丝。

4. 锅中加水,水开后下面条,面熟后捞起来,加食盐、酱油与香菇柿子椒肉丝拌匀即可。

红豆年糕汤

材料：煮熟的红豆、年糕片、白糖或红糖。

做法：

1.小锅煮水,水开后倒入年糕片,煮至年糕片软。

2.倒入熟红豆,再煮1~2分钟。

3.加适量白糖或红糖调味即可。

奶香红豆燕麦粥

材料：燕麦片、熟红豆、牛奶。

做法：

1.小锅中倒入少许水煮开,倒入燕麦片煮至黏稠。

2.倒入熟红豆和牛奶,搅拌,煮至粥均匀浓稠即可。

汁香蕉松饼

料：熟透的香蕉、全麦
粉、鸡蛋、酸奶、蜂蜜、
丁粉、食用油。

去：

将软熟的香蕉捣烂成香
泥。

全部材料（其中蜂蜜倒入
3，留1/3待用）都倒入
碗中。

用打蛋器将全部材料搅
将面糊彻底搅拌均匀，
为其中有香蕉泥，并不
特别细腻。

平底锅中抹上少许食用
盛入一勺面糊摊开成
形，用小火煎2~3分钟，
表面略凝固，轻轻晃动
饼可在锅内移动时，将
糊个面，再煎至底部金
色就可以了。吃的时候，
剩余的一点蜂蜜淋在松
上面即可。

草莓薏仁豆浆

材料： 黄豆、草莓、薏米。

做法：

1. 将黄豆洗净用清水浸泡8个小时至泡发，洗净。
2. 将薏米淘洗干净，用清水浸泡8个小时。
3. 将草莓洗净去蒂。
4. 将泡发的黄豆、薏米和草莓放入豆浆机中，加入足量水，制成豆浆。
5. 过滤掉豆渣倒出豆浆即可。

杏仁豆浆

材料： 黄豆、杏仁。

做法：

1. 将黄豆洗净用清水浸泡8个小时至泡发，洗净。
2. 将杏仁洗净，切碎一些。
3. 将泡发的黄豆和杏仁倒入豆浆机中，加入足量水，制成豆浆。
4. 过滤掉豆渣倒出豆浆即可。

香葱鸡蛋三明治

料：吐司面包片、小香葱、
蛋、食用油、食盐。

法：
面包片切去四周的边，待
。

小香葱洗净，去掉根须，
碎，鸡蛋打散成蛋液。
将香葱碎倒入蛋液中，调
食盐，搅拌均匀。
平底锅烧热，倒入少许食
油，并晃动锅身使油尽量
满锅底，倒入香葱蛋液，
动锅身或用勺子整形成圆
状。
待底部凝固时翻面，将蛋
煎熟。
取出煎好的蛋饼，切成和
包片同样大小。
蛋饼放在一片面包片上，
在上面放上另一片面包
，顺着对角切成2个三角
即可。

土豆泥

材料： 土豆、胡萝卜、西蓝花、酸奶、食盐、胡椒粉。

做法：

1. 土豆削去外皮，切成小块；西蓝花掰成小朵，洗净。胡萝卜削去外皮，切成块。
2. 土豆放入蒸锅中蒸熟，蒸土豆的同时，将西蓝花和胡萝卜焯熟。
3. 将焯好的西蓝花和胡萝卜切碎。
4. 蒸熟的土豆趁热捣成泥。
5. 凉凉些后，倒入适量酸奶，搅拌成糊状。
6. 倒入西蓝花碎和胡萝卜碎，调入食盐和少许胡椒粉，彻底搅拌均匀即可。

藕粉黑芝麻糊

材料： 黑芝麻、即食藕粉、糖或蜂蜜。

做法：

1. 黑芝麻洗净，摊开晾干，放入炒锅中（不放油），小火将芝麻炒香后，凉凉。
2. 炒好的黑芝麻加少许藕粉倒入搅拌机的研磨杯中，磨成粉，即冲黑芝麻糊就做好了。吃的时候，盛出几勺放入碗中，倒入开水，再搅拌均匀即可。可以根据口味加入少许糖或蜂蜜调匀。

蔬菜卷饼

材料： 春饼、生菜片、鸡蛋、番茄酱、食盐。

做法：

1. 将春饼蒸热待用，生菜片洗净沥干水分。鸡蛋加少许食盐打散，用平底锅煎成蛋饼，2个鸡蛋可煎3~4张蛋饼，大小与春饼差不多。

2. 将番茄酱均匀地涂在春饼上，再将蛋饼放上。

3. 放2片生菜叶，再将饼整个卷起来即可。

酸奶紫薯泥

材料： 紫薯、酸奶、葡萄干、核桃仁。

做法：

1. 紫薯洗净，切成几块，放入蒸锅中蒸熟，用筷子扎一下，能够很轻松地扎透即可。

2. 蒸紫薯的同时，将葡萄干和核桃仁切碎待用。

3. 凉凉些，剥去外皮，用勺子将紫薯捣成泥。

4. 倒入酸奶，充分搅拌，使紫薯与酸奶彻底融合。

5. 再倒入葡萄干碎和核桃仁碎，搅拌均匀即可。

香蕉奶昔

材料： 糯香蕉，酸奶。

做法：

1. 香蕉去皮，掰成小块。
2. 把酸奶和香蕉放入搅拌杯中。
3. 搅打均匀即可。

重要的午餐

午餐在一日三餐中是最重要的，为整天提供的能量和营养素都是最重的，分别占了40%；对人在一天中体力和脑力的补充，起了承上启下的作用。所以午餐不只要吃饱，更要吃好。孩子午餐有许多注意事项，其中包括饮食要注意酸碱平衡，饭前喝汤好，午餐前不要让孩子饮纯果汁，馒头的营养很重要，鱼最好和豆腐一起炖着吃，不宜让孩子喝过多饮料，谨防孩子牛奶贫血症，而且不要让孩子汤泡饭等。

★如何吃好午餐？★

1. 只吃八分饱。进食午餐后，身体中的血液将集中到肠胃来帮助进行消化吸收，在此期间大脑处于缺血缺氧状态。如果吃得过饱，就会延长大脑处于缺血缺氧状态的时间。

2. 食物搭配要合理。米和面是最好的主食，若能加些豆类，营养会更完整。

★何为健康午餐？★

◆ 健康的午餐应以五谷为主，配合大量蔬菜、瓜类及水果，适量肉类、蛋类及鱼类食物，并减少油、盐及糖分。

◆ 营养午餐还得讲究123的比例，即食物分量的分配：1/6是肉或鱼或蛋类，2/6是蔬菜，3/6是饭或面或粉（即三者比例是1：2：3）。

◆ 午餐中的三低一高也是需要特别注意的，即低油、低盐、低糖及高纤维。

要吃饱吃好的午餐

第二章

★午餐必备内容★

必备之一：足够的碳水化合物

早餐一般占全天热能的 30%，午餐占全天热能的 40%，午餐的碳水化合物要足够，这样才能提供脑力劳动所需要的糖分。碳水化合物主要来自于谷类，宜选择淀粉含量高的谷类，如米饭、面条等，避免含蔗糖较多的食物，如甜食、饮料等容易引起肥胖，不宜作为主食。午餐若选择米饭，量宜在 75~150g。

除了选择谷类，午餐中若有粗粮就更好，这样下午的血糖会更稳定，释放缓慢，使大脑中的糖来源更持久。粗粮可选择玉米、红薯等。

必备之二：高质量的蛋白质

蛋白质可提高机体的免疫力，帮助稳定餐后血糖，为人体提供能源。高质量的蛋白质来源有肉、鱼、豆制品。但由于有些高蛋白质食物脂肪含量也高，因此要控制好摄入量，最好多选择脂肪含量少的豆制品和鱼类。以肉类为例，午餐时纯肉类在 75g 左右比较适当。

相信您看了以上介绍，对于午餐的重要性有了一个更深入的了解，那就从现在开始，给孩子准备更加丰盛的午餐吧！

西蓝花海苔树

材料： 西蓝花、海苔、圣女果、胡萝卜、食盐。

做法：

1. 将西蓝花撕成小朵，过水冲洗干净。
2. 将汤锅注水，加入食盐，煮至沸腾。
3. 将西蓝花下入锅中，大火煮 3~5 分钟。
4. 将西蓝花捞出备用。
5. 将海苔放入清水中浸泡 3 分钟。
6. 撕碎后用滤网捞出。
7. 将煮过西蓝花的水再次煮沸，将海苔连同滤网在沸水中过几遍，捞出备用。
8. 取一长盘，用西蓝花摆出树顶的造型。
9. 再用海苔做出树干的造型。
10. 将圣女果从 3/4 处横刀一刀。
11. 将切面朝下平入，切下来的那一小片从中对剖做成兔子的两只耳朵，再在圣女果的前 1/3 处切一个开口，将兔子耳朵塞进去，小兔子就做好了。
12. 最后用胡萝卜切出小花形状，加上小兔子摆在树旁即可。

鹌鹑蛋炒虾仁

材料：鹌鹑蛋、虾仁、淀粉、食用油、食盐、蒜泥。

做法：

1. 将鹌鹑蛋直接下沸水中煮熟，剥皮。
2. 虾仁洗干净后用淀粉上浆。
3. 热锅中放入食用油，油热后放虾仁，翻炒几下即可出锅。
4. 将鹌鹑蛋与虾仁混合翻炒，加入食盐和蒜泥即可出锅。

木耳洋葱炒山药

材料： 山药、干木耳、洋葱、食用油、食盐。

做法：

1. 将山药外皮的泥土洗净，削去外皮，略用水冲洗一下，切成片。干木耳泡发后洗净撕成小朵，洋葱洗净切块。

2. 锅烧热倒入少许食用油，下少许洋葱碎爆香后，倒入山药片翻炒。因山药中淀粉较多，还有黏液，所以翻炒时容易粘锅，可倒入少许清水，翻炒2分钟。

3. 随后倒入木耳，继续翻炒2分钟，看锅内情况，如有需要再加入一点儿清水。

4. 山药木耳炒熟关火，倒入切好的洋葱片，调入食盐，继续翻炒几下即可出锅。

绿汁牛肉羹

材料： 香菜、牛里脊肉、鸡蛋、淀粉、食盐、料酒。

做法：

1. 牛里脊肉洗净剁茸，用料酒、食盐和淀粉腌渍10分钟左右。

2. 香菜洗净切成细末。

3. 鸡蛋打入碗内打散待用。

4. 上锅注入清水，水热后倒入腌渍的牛肉茸用筷子打散，再下入打散的鸡蛋迅速搅拌，蛋花漂起来时勾芡，撒入香菜末即可。

醋熘莲花白

材料： 圆白菜、醋、食盐、食用油。

做法：

1. 圆白菜洗净取叶，切成 2cm 长宽的片。
2. 锅中放食用油，油八分热时放入圆白菜爆炒。
3. 将醋从锅边淋一圈，放入食盐炒匀即可关火出锅。

炒猫耳朵

材料： 莜麦面、小麦面、香菇、甜椒（红黄色各半个）、青椒、食用油、食盐、生抽、姜末。

做法：

1. 将小麦面粉与莜麦面加热水揉成面团，发30分钟。香菇、甜椒、青椒分别切成丁备用。

2. 将面团擀成面片，再切成1cm左右长的小块。

3. 将小块面放在寿司帘上或其他能压出花痕的平面上。

4. 用大拇指压小面块，压的时候向两边推，运用大拇指的表面做成"莜面猫耳朵"。

5. 将压好的猫耳朵放入水中煮熟，捞起后过凉水。

6. 锅中放食用油，待油热后将姜末、青椒粒，甜椒粒和香菇粒下锅爆炒，再加入猫耳朵继续翻炒至熟，然后加食盐，倒点生抽即可出锅。

口味西蓝花

●**材料：** 西蓝花、土豆、青尖椒、美人椒、食盐、酱油、葱、姜、食用油。

做法：

1. 西蓝花洗净切成块。土豆去皮洗净，切丁用凉水冲一下备用。
2. 美人椒去蒂洗净后切段。青尖椒去蒂去籽洗净后切片。
3. 锅内放食用油至油温七成热下入土豆，等土豆表面金黄色后下入西蓝花约1 钟左右倒出控油备用。
4. 锅内留少许底油，煸香葱姜小料，再煸熟美人椒和青尖椒。
5. 再将土豆和西蓝花下入，翻炒均匀后，将酱油、食盐均匀下入，翻炒均匀即

韭菜炒豆腐

材料: 韭菜、豆腐、鸡蛋、黄豆酱、食用油。

做法:

1. 将韭菜洗净切成小段，豆腐切成小块，鸡蛋炒熟待用。
2. 锅烧热倒入少许食用油，倒入豆腐块，翻炒至豆腐略变黄。
3. 将黄豆酱倒入锅中，加少许水翻炒均匀，倒入韭菜段和炒好的鸡蛋。
4. 炒至韭菜变软，将所有材料翻炒均匀即可。

百合干炒牛肉丝

材料: 干百合、牛里脊肉、食用油、料酒、水淀粉、食盐、姜丝。

做法:

1. 将牛里脊肉洗净切丝，用料酒、水淀粉拌匀。
2. 锅内放食用油，油热后投入牛肉丝大火爆炒。
3. 下入泡好的百合、姜丝，放入食盐出锅即成。

湖北蒸菜

材料：鲜豌豆、藕、米粉、芝麻油、橄榄油、生抽、食盐。

做法：

1. 将鲜豌豆洗净，藕洗净去皮并切成豌豆大小的粒。

2. 将豌豆、藕粒倒在一起，滴上几滴橄榄油和芝麻油，再倒入适量生抽，加盐拌匀。

3. 将米粉倒入豌豆藕粒中，和匀，上蒸锅。

4. 在蒸锅上大汽的时候揭开，洒上水，并用筷子稍作搅动。

5. 待藕粒与豌豆蒸熟后即可出锅。

鸡蛋炒三丁

料：鸡蛋、胡萝卜、熏干、豌豆、食用油、食盐、油。

法：

将鸡蛋打入碗中，打散蛋液；胡萝卜洗净，削外皮切成小丁；熏豆干成小丁，豌豆洗净。

先将鸡蛋炒熟盛出。

锅中留少许底油，倒入萝卜丁炒至略发软。

随后倒入豌豆，淋入少水，闷煮 1 分钟。

倒入熏干丁，翻炒至胡卜、豌豆熟。

倒入炒好的鸡蛋碎，调食盐、少许香油，翻炒匀即可。

065

凉拌蚕豆

材料：蚕豆、香油、食盐、红油、醋。

做法：
将新鲜的蚕豆上锅蒸熟，取出待冷却后，放入适量红油、香油、食盐和醋拌匀即可。

茭白炒肉丝

料： 茭白、猪瘦肉、食用油、蒜、
淀粉、食盐。

法：
将茭白洗净切成丝，蒜洗净剁碎。
猪瘦肉洗净切成丝，拌入水淀粉。
将食用油放入锅内，待油热后下
蒜末炒香。
投入肉丝急火快炒，再下入茭白
软，加食盐即可出锅。

金针菇炒虾仁

材料： 金针菇、虾仁、食用油 、食盐、高汤料、
大葱头。

做法：
1. 将金针菇洗净待用，虾仁背部竖切一刀洗
净待用。
2. 锅内加入清水，水开后倒入金针菇翻滚两
次捞出，过滤掉水待用。
3. 锅内放入食用油，待油热后倒入虾仁爆炒。
4. 放入葱头和金针菇，用大火爆炒，放入高
汤料和食盐起锅装盘。

口蘑煲鸡

材料：口蘑、红枣、乌骨鸡、生姜、食盐、醋、胡椒粉。

做法：
1. 将口蘑剖成两半、鸡切块、红枣洗净去籽。
2. 砂锅中装水适量，放入鸡块、红枣用小火煲1小时左右。
3. 在砂锅中放生姜、食盐、胡椒粉、醋和口蘑，再煲10分钟即可。

菜薹炒鳝丝

材料： 菜薹、黄鳝、食用油、蒜片、姜丝、食盐。

做法：

1. 菜薹洗净切成段，黄鳝洗净切成丝。
2. 热锅放食用油，油热后下入蒜片、姜丝煸香。
3. 放入黄鳝丝大火爆炒，再放菜薹翻炒3分钟后，放入食盐即可出锅。

柠檬鸡翅

●**材料:** 柠檬、鸡翅、料酒、姜粒、辣椒粉、生抽、食用油、食盐。

做法:

1. 柠檬洗净打成汁，鸡翅洗净。

2. 上锅注入清水，大火烧开，把鸡翅焯水，捞出沥干水分待用。

3. 把沥干水的鸡翅用料酒、姜粒、辣椒粉、生抽、食盐腌10分钟。

4. 将食用油放入锅内，待油热后放入腌好的鸡翅，把打好的柠檬汁倒进去一起烧至汤浓时即可。

萝卜焖仔排

材料： 仔排、白萝卜、香菇、姜片、
葱白、茨粉、食用油、料酒、老抽、
食盐、香葱。

做法：
1. 将仔排切成小块，白萝卜切滚刀
块，香菇洗净切片，香葱切成葱花。
2. 热锅中加入食用油，放入姜片及
葱白煸炒至香味溢出。
3. 倒入仔排，加料酒与老抽翻炒至
仔排上色后加水，加香菇、食盐上
盖大火焖煮约20分钟，等汤汁大
部分收干时熄火，勾芡，并撒上葱
花即可。

南瓜炒玉米粒

材料： 老南瓜、玉米粒、食用油、食盐、味精。

做法：
1. 将南瓜洗净切成小丁，玉米粒洗净。
2. 将食用油放入锅内，油七分热时下入南瓜、
玉米粒翻炒几下。
3. 注入适量清水，大火炒至南瓜、玉米熟透，
下入味精和食盐即可出锅。

绿豆芽炒韭菜

材料： 绿豆、韭菜、食用油、食盐。

做法：

1. 将绿豆加水浸泡两天左右，见芽出口了便装入筛子中（可过滤的容器都可）盖上纱布。将筛子放在小盆中，让筛子底部悬空。

2. 每日为绿豆芽浇水 2~3 次，一般 3~5 天即可收获新鲜豆芽。

3. 韭菜洗净切段。

4. 将新鲜豆芽清洗干净，上油锅与韭菜一起爆炒 2 分钟，加食盐即可出锅。

山药片炒苦瓜

材料： 山药、苦瓜、木耳、水淀粉、蒜末、姜末、食盐、白糖、食用油。

做法：

1. 将苦瓜洗净，剖开，淘出瓤，切成 2mm 见厚的片。
2. 山药洗净刮皮，切片。
3. 木耳取三五朵，发泡去蒂洗净备用。
4. 山药与苦瓜片分别在盐水中浸泡 2 分钟后捞出，控干水分。
5. 锅中放食用油，油五分热时放山药片翻炒。
6. 再放苦瓜片和木耳翻炒至断生。
7. 加食盐、蒜末、姜末和白糖，再勾芡出锅。

丝瓜蒸虾仁

材料: 丝瓜、鲜虾、生抽、
蒜末。

做法:

1.鲜虾剥去虾壳，去掉
虾线洗净，从虾背处平着
切开至虾腹，把虾身切透
一个洞，再将虾尾从洞中
穿过去，做成虾球。

2.丝瓜削去外皮，切成
小段。

3.用小刀将瓜瓤挖出一
部分，做成丝瓜盅，挖
出的瓜瓤做其他菜用。

4.把做好的虾球放入丝
瓜盅上。

5.蒸锅加热，待锅中水
开后，将装有丝瓜虾球
的盘子放入，同时把生
抽和一半凉开水兑在一
起，再放入少许蒜末制
成调味汁，一起放入蒸
锅中，蒸4~5分钟，关
火后闷1分钟。开盖后，
将调味汁淋在丝瓜盅上
即可。

茶香排骨

材料: 鲜茶树菇、莴笋、
猪仔排、食用油、生姜、
葱头、食盐。

做法:

1. 将茶树菇洗净去掉头,
莴笋去皮切成小段, 生
姜拍烂, 葱头拍松。

2. 猪仔排洗净。

3. 将食用油放入锅内,
再下入生姜, 倒入仔排
暴炒至水干飘香, 注入
适量的清水 (以漫过仔
排为益) 大火烧开改小
火闷至仔排八分熟。

4. 下入茶树菇和莴笋、
葱头大火炒香, 再加食
盐出锅即成。

鲜板栗炖鸡

材料： 鲜板栗、母鸡、生姜、食盐。

做法：

1. 鲜板栗洗净，生姜拍烂。

2. 母鸡洗净剁成大块。

3. 将锅大火烧红，倒入板栗翻炒至表皮裂开，盛出剥去外壳。

4. 上砂锅注入清水，放入鸡肉大火烧开，撇去浮沫。

5. 放入生姜、板栗，改小水慢炖至汤白有浓香，放入食盐即可。

午餐肉烧豆腐

材料： 水豆腐、午餐肉、猪肝、食用油、蒜末、葱花、食盐。

做法：

1. 午餐肉切成小薄片，豆腐切成小块，猪肝煮熟切粒。

2. 锅内放食用油，油热后下入豆腐煎至两面金黄色，注入适量清水，大火烧开。

3. 加午餐肉和猪肝继续烧2分钟，再撒上蒜末、食盐和葱花出锅即成。

甜香腔骨汤

材料： 胡萝卜、玉米、荸荠、猪腔骨、生姜、花椒、食盐。

做法：

1. 将胡萝卜洗净切成小段。
2. 玉米洗净切成小段，荸荠洗净去皮（也可买削好的），生姜切片。
3. 猪腔骨洗净剁成小段。灶上放砂锅，注入适量的清水，放入姜片、花椒和腔骨，大火烧开，去掉浮沫，改小火慢炖，放入胡萝卜、玉米和荸荠一起慢炖，至肉熟烂，放入食盐即可。

清蒸鲇鱼

材料: 鲇鱼、葱头、酱油、食用油、生姜粒、食盐。

做法:

1. 鲇鱼去甲剖开洗净。
2. 把洗净的鲇鱼装入盘内，将酱油、食用油、葱头、生姜粒和食盐均匀地洒在鱼上面腌渍 10 分钟左右。
3. 上蒸锅放入蒸架注入清水，放入腌好的鱼，大火烧开蒸至鱼熟，关火即可（根据鱼的大小，一般10~15 分钟即可）。

软烧泥鳅

● **材料**：泥鳅、蒜、姜、料酒、香辣酱、花椒、食用油、水淀粉、食盐。

做法：

1. 将蒜剁成颗粒，姜切成片。
2. 将杀好的泥鳅洗净。
3. 热锅放食用油，油热后下入花椒、姜片、蒜粒、香辣酱煸香，再放入泥鳅爆炒。
4. 注入适量清水（以漫过泥鳅为宜），大火烧开改中水焖至泥鳅熟透。
5. 下入料酒、食盐，再用水淀粉勾欠即可。

笋菇滑肉片

材料： 竹笋、黄瓜、平菇、里脊肉、鸡蛋清、淀粉、食盐、花椒油、姜片、葱花。

做法：

1. 将竹笋放在沸腾的盐水中焯水切片，平菇洗净撕成小朵，黄瓜切成菱形的薄片。
2. 里脊肉切成片，加鸡蛋清和淀粉、食盐用手抓匀。
3. 锅中放水，加入姜片、食盐烧开，放入平菇煮2分钟，再将肉片一片一片展平地放入锅中。
4. 待肉片放完，再下入黄瓜片、竹笋片，淋上花椒油、撒上葱花即可出锅。

四色素炒片

材料： 茭白、木耳、胡萝卜、黄瓜、食盐、葱、姜、食用油。

做法：

1. 茭白去叶削皮切成菱形片，木耳发泡洗净撕成小朵，胡萝卜、黄瓜切片。
2. 将胡萝卜、茭白、木耳一起焯水约30秒，捞出控水备用。
3. 锅放底油，煸香葱、姜，倒入茭白、木耳、胡萝卜、黄瓜片爆炒2~3分钟，加入食盐炒匀即可出锅。

双耳芹菜

料：银耳、木耳、芹菜、
杞、食盐、味精、料酒、
、姜、食用油。

法：

将银耳、木耳温水泡发 4
时后掰 2~3cm 的朵备用。
芹菜去根摘洗干净后切
长 2cm 的菱形块备用。
枸杞泡发备用。

锅放水，烧开下入芹菜
熟出锅控水备用，再下
银耳、木耳和枸杞焯水
锅控水备用。

锅放底油，下入芹菜煸
时放入食盐、味精、料酒、
、姜，再放入银耳、木耳、
杞，翻炒均匀出锅即可。

豌豆鱼丁

●**材料：**无骨鱼片、豌豆、鸡蛋、食用油、食盐、香油。

做法：

1. 将鱼片切成小丁，豌豆洗净，鸡蛋中加少许食盐打散成蛋液。
2. 锅烧热，倒入少许食用油，把豌豆和鱼丁一起倒入锅中。
3. 翻炒至鱼丁变色，豌豆开始起皱，将打散的蛋液淋入锅中。
4. 慢慢翻炒至蛋液凝固，点入几滴香油即可。

土豆丝烙饼

●**材料：**土豆、鸡蛋、面粉、食盐、食用油。

做法：

1. 将鸡蛋磕入碗中，搅散备用。

2. 土豆去皮，洗净，切成细丝，放入冷水中，滤去多余的淀粉，捞出沥干水分。

3. 将土豆丝倒入蛋液中，加入适量食盐，搅拌成较稠的面糊。

4. 热锅倒食用油，待油温热，将土豆丝面糊倒入锅中，用锅铲将面糊摊平成薄厚均匀的面饼，用小火将土豆丝饼煎至两面金黄。

5. 将烙好的土豆丝饼切成小块，码入盘中即可。

甜椒爆猪肝

材料： 甜椒、猪肝、食用油、蒜片、姜丝、料酒、水淀粉、食盐。

做法：

1. 将甜椒洗净切成丝。

2. 猪肝洗净，切片并拌入料酒、水淀粉。

3. 锅中放食用油，油热后下入肝大火爆炒。

4. 下入姜丝、蒜片和甜椒炒至生，再放入食盐出锅即成。

甜椒爆腰花

材料： 甜椒、猪肾、食用油、蒜片、姜丝、料酒、水淀粉、食盐。

做法：

1. 甜椒洗净切成丝。

2. 猪肾用盐水浸泡10分钟，切成齿牙片，拌入料酒和水淀粉。

3. 将食用油放入锅内，油热后下入蒜片、姜丝炒香，再放入猪肾大火爆炒。

4. 下入甜椒炒至断生，放入食盐出锅即成。

鸭血粉丝汤

材料： 鸭血、细粉丝、生姜、蒜、泡椒、花椒、葱花、味精、食盐、食用油。

做法：

1. 将鸭血用刀划成小块，粉丝泡好。

2. 生姜和蒜剁成粒，泡椒剁成粒。

3. 上锅，注入清水大火烧开再改小火，倒入鸭血煮至变色。

4. 连锅端起倒入冷水中冲洗，捞出沥水待用。

5. 将食用油放入锅内，待油热后倒入花椒、姜、蒜和泡椒粒一起炒香。

6. 注入适量清水倒入鸭血煮至入味，再下入粉丝、食盐和味精关火即可。出锅时撒入葱花。

清炒荷兰豆

●**材料：**荷兰豆、蒜粒、食用油、食盐。

做法：

1.将荷兰豆洗净摘去两头的筋。

2.上锅，将食用油放入锅内，待油热至七八成时下荷兰豆大火翻炒，下入蒜粒再炒 1~2 分钟，最后下入食盐炒匀即可。

蚝油香菇生菜

材料: 蚝油、鲜香菇、生菜、食用油、食盐。

做法:

1. 将鲜香菇洗净切成小块，生菜摘好洗净。
2. 将食用油放入锅内，待油热后倒入香菇大火翻炒，再投入生菜爆炒，加入蚝油和食盐出锅即成。

蕨菜炒肉丝

材料: 蕨菜、猪瘦肉、食用油、蒜片、酱油、水淀粉、食盐。

做法:

1. 将蕨菜洗净切成丝。
2. 猪瘦肉洗净切成丝，拌入酱油、水淀粉。
3. 将食用油放入锅内，热后投入瘦肉丝大火炒，下入蕨菜、蒜片和食盐翻炒出锅即成。

东北乱炖

材料: 五花肉、排骨、土豆、
番茄、青椒、宽粉、大头菜、
豆角、木耳、胡萝卜、茄子、
海带、黄豆酱、大料、花椒、
桂皮、大葱、姜片、大蒜、
食用油。

做法:

1. 排骨洗净焯水, 去除血
水; 大头菜去皮切块; 番
茄、土豆、胡萝卜、茄子
分别切一样大的块; 宽粉
发泡; 青椒去蒂去籽切块;
海带发泡洗净并切成 3cm
长短的片, 摘去根蒂; 豆
角去筋洗净切成 3cm 长短;
五花肉切成片。

2. 锅中放食用油, 将五花
肉放入热油中煎至五花肉
微干捞出, 沥干油。

3. 放入大料、花椒、姜片(姜
片不要放完, 留一半放入调
料中)煸香后用漏勺沥出。

4. 将排骨放入锅中稍做翻
炒, 加水、姜片、蒜瓣、
大葱炖半小时。

5. 依次放入五花肉、土豆
块、豆角、胡萝卜、茄子、
番茄、青椒、宽粉、海带
继续炖半小时。

6. 最后放入炒好的黄豆酱、
大葱再炖煮 10 分钟即可
出锅。

海带丝拌西芹

● **材料：** 海带、西芹、花生米、花椒油、香油、酱油、香醋、食盐。

做法：

1. 将海带浸泡好切成 3cm 见长的丝，焯水放凉。
2. 西芹洗净去掉茎丝切片，焯水放凉。
3. 将海带丝、西芹片与花生米、食盐、香醋、酱油、花椒油和香油一起拌匀即可。

海鲜菇烩五花肉

●**材料：**海鲜菇、豆腐干、莴笋、五花肉、食用油、酱油、生姜、花椒、食盐。

做法：

1. 海鲜菇洗净；莴笋洗净去皮，切成长条形的块状。
2. 豆腐干洗净切成条形，生姜切成片。
3. 五花肉洗净切成条形。
4. 将食用油放入锅内，待油热后放入姜片、花椒、五花肉炒香。
5. 再下入海鲜菇和豆腐干及莴笋大火翻炒。
6. 最后注入适量的清水，收干水分，加入酱油、食盐即可出锅。

蒜苗炒蛋

材料： 蒜苗、鸡蛋、食用油、食盐。

做法：

1. 蒜苗洗净切碎，鸡蛋打散成蛋液。
2. 将蒜苗碎倒入蛋液中，调入少许食盐搅拌均匀。
3. 锅烧热倒入少许食用油，将蒜苗蛋液倒入锅中。
4. 慢慢翻炒至蛋液凝固即可出锅。

紫菜炒肉末

材料： 紫菜、肉末、食用油、香油、食盐、水淀粉。

做法：

1. 将紫菜洗净待用，肉末里面拌入香油、水淀粉。
2. 将食用油放入锅内，油热后下入肉末大火翻炒，加紫菜继续翻炒半分钟，加食盐即可出锅。

香菇煎蛋

材料： 鲜香菇、鸡蛋、香菜、
食用油、食盐、黑胡椒碎。

做法：

1. 香菇洗净，切成片；鸡
蛋加少许食盐打散，香菜
洗净切碎。

2. 锅烧热倒入食用油，下
香菇片炒至软，并尽量将
香菇片均匀铺开。

3. 将蛋液淋入锅中，并撒
上少许黑胡椒碎，盖上锅
盖焖一小会儿。

4. 待表面蛋液快凝固时，
撒上切碎的香菜碎，再焖
至表面蛋液凝固即可。

清蒸鲈鱼

材料: 鲈鱼、酱油、食用油、大葱。

做法:

1. 将鲈鱼洗净,放入盘中,入蒸锅蒸 10 分钟。
2. 大葱切丝待用。
3. 食用油入热锅烧热,将大葱放到蒸好的鲈鱼上面,再用热油浇上,酱油均匀地淋在鲈鱼背上即可。

三丝菠菜

材料： 菠菜、胡萝卜、红椒、鸡蛋、笋丝、香菇、食盐、白糖、味精、葱、姜、食用油。

做法：

1. 将鸡蛋打成蛋液备用。
2. 菠菜清洗干净从中间断开（10cm 的段）。
3. 红椒清洗去蒂切 0.5cm×3c□ 的条备用。
4. 胡萝卜洗净切细丝备用。
5. 锅放底油，炒熟鸡蛋后出锅备用。
6. 锅放水，烧开后焯熟菠菜和□椒出锅控水备用（烫一下即可不可时间过长）。
7. 锅放底油煸香葱，下入胡萝□丝、笋丝、红椒条、菠菜翻炒几□放入食盐、白糖、味精，翻炒□匀出锅即可。

四季豆鸡肉末

材料： 四季豆、鸡胸肉、香菇、鸡蛋清、大蒜、食盐、食用油。

做法：

1. 四季豆洗净并去掉筋切成碎末，香菇洗净切成小颗粒待用，大蒜切成末。
2. 鸡胸肉洗净切成肉末，加入少许鸡蛋清和食盐搅拌均匀。
3. 锅里加入食用油，油热后倒入鸡肉末大火翻炒，再下入四季豆和香菇大火翻炒，最后放入蒜末和食盐起锅装盘。

荠菜炒鹅蛋

材料：荠菜、鹅蛋、食用油、香油、食盐。

做法：

1. 荠菜洗净切成末。

2. 鹅蛋打散。

3. 将食用油放入锅内，油热后下入打散的蛋快炒，投入荠菜末大火炒至荠菜末熟，放入香油、食盐出锅即成。

青红脆骨

●**材料：** 莴笋、枸杞、红枣、脆骨肉、生姜、食盐。

做法：

1. 将莴笋去皮切块，脆骨肉洗净，红枣掏去核。

2. 上炖锅注入清水，下入生姜、脆骨肉大火烧开，撇去浮沫。

3. 下入红枣、枸杞改小火慢炖至脆骨肉熟透。

4. 下入莴笋大火烧开，改小火慢炖至莴笋熟透，加入食盐即可。

三黄菜

材料： 南瓜、胡萝卜、番茄、姜粒、葱花、食用油、食盐。

做法：

1. 南瓜洗净去皮切成块，胡萝卜洗净切成块，番茄洗净去蒂切成大块。
2. 上锅将食用油放入锅内，待油热后投入姜粒、南瓜、胡萝卜和番茄翻炒一会儿，注入适量清水大火烧开，改小火闷至胡萝卜熟透时撒入食盐即可。

蒜薹回锅肥瘦牛肉

材料： 蒜薹、肥瘦牛肉、百合、酱油、豆酱、食用油、食盐。

做法：

1. 蒜薹洗净切成段；肥瘦牛肉洗净用高压锅压熟，切成片；百合洗净用水泡胀。
2. 上锅放食用油，待油热后下入豆酱炒香，再投入肥瘦牛肉和蒜薹、百合翻炒，加入酱油、食盐出锅即成。

五彩里脊肉丁

●**材料：** 山药、胡萝卜、娃娃菜、木耳、彩椒、里脊肉、食用油、生姜、酱油、食盐。

做法：

1. 将山药洗净切成小丁，胡萝卜与彩椒洗净切成小丁，娃娃菜洗净切碎，木耳发泡洗净撕成小片，生姜切成末。
2. 里脊肉洗净切成小丁。
3. 将食用油放入锅内，待油八分热后下入姜末煸香。
4. 放入肉丁、山药等各种菜丁炒香，淋上酱油，注入少量清水，大火爆香。
5. 最后下入娃娃菜煸炒半分钟，放入食盐即可出锅。

玉米平菇奶汤

●**材料：** 新鲜玉米、鲜蘑、牛奶、鸡蛋清、葱花、糊椒粉、食盐。

做法：

1. 新鲜玉米粒洗净。
2. 鲜蘑洗净撕成小块。
3. 将鸡蛋清打散。
4. 上锅注少量清水，将鲜蘑，玉米煮至熟。
5. 下入牛奶、鸡蛋清，用筷子搅匀。
6. 最后撒上糊椒粉，加食盐调味，再撒上葱花即可出锅。

香椿炒虾仁

材料： 香椿、虾仁、食用油、水淀粉、香油、花椒、食盐。

做法：

1. 将香椿洗净切成段。

2. 虾仁洗净，并剖开脊背洗去肠泥，拌入水淀粉和香油。

3. 将食用油放入锅内，油热后下花椒稍炸一下。

4. 倒入虾仁大火爆炒，再下入香椿叶大火炒至断生，加食盐即可出锅。

鲜汤雪里红

材料： 雪里红、食用油、蒜末、食盐。

做法：

1. 将雪里红摘去老叶，洗净并沥干水分。将中间嫩芯切成碎末，稍老的叶子焯水挤干后切成碎末。

2. 锅中放食用油，油热后放入雪里红末和蒜末爆炒。

3. 然后放适量清水，煮开，放食盐即可出锅。

糖醋鳕鱼

材料: 鳕鱼、淀粉、白糖、食盐、味精、料酒、酱油、醋、葱、姜、蒜、食用油。

做法:

1. 鳕鱼自然解冻后切成约 3cm×3cm 的块,用食盐、味精、白糖、料酒把鱼腌渍 3 小时。

2. 锅放食用油,将鳕鱼块沾淀粉用 180°C 油温炸熟,出锅控油备用。

3. 锅留底油,煸香葱、姜、蒜,放入酱油、醋和适量的水、淀粉一起烧至料汁黏稠,下入鱼块,翻炒均匀,出锅即可。

101

菊花豆皮

●**材料**：豆腐皮、胡萝卜、食盐、香油。

做法：

1. 烧一锅开水，水开后倒入少许食盐和香油，将豆腐皮放入焯烫一下捞出，沥干水分。将豆腐皮切成长方形，对折。

2. 在折叠这一侧切小条，注意不要切断。

3. 全部切好后，从一头卷起。

4. 放到盘子中，将豆腐皮散开，就成菊花形了，再切少许胡萝卜丝放到豆腐皮中间点缀成花蕊即可。

菌菇炒蛋

材料： 鲜蘑、蟹味菇、泡发木耳、胡萝卜、鸡蛋、葱花、食用油、食盐。

做法：

1. 两种蘑菇洗净后，撕成小朵，黑木耳泡发后撕成小朵，将胡萝卜切成丝，鸡蛋打散。
2. 烧一锅开水，将蘑菇和黑木耳放入焯 2 分钟后捞出沥干水分。
3. 将胡萝卜丝和焯好的蘑菇、木耳倒入蛋液中，调入食盐搅拌均匀。
4. 锅烧热后倒入食用油，将混合蛋液倒入锅中。
5. 不停翻炒至蛋液凝固，撒入葱花即可。

葱爆羊肉

材料： 羊肉片、洋葱、蒜、酱油、食盐、生抽、食用油、花椒油、香油。

做法：

1. 洋葱切丝，蒜切片。
2. 羊肉片在沸水中过一下，捞出控干水分。
3. 羊肉中加少量生抽、香油、花椒油、酱油拌匀。
4. 锅中放食用油，油热后加蒜片煸香，然后放羊肉和洋葱爆炒。
5. 羊肉炒好后放食盐即可出锅。

秋葵炒鸡蛋

材料： 秋葵、胡萝卜、鸡
食用油、食盐。

做法：

1. 秋葵洗净，切掉顶部
蒂，切成小段。胡萝卜
去外皮，洗净切成小碎丁
鸡蛋打散成蛋液。

2. 将胡萝卜丁倒入蛋液中
加入少许食盐，搅拌均匀

3. 锅烧热倒入食用油，
胡萝卜蛋液炒熟盛出待用

4. 锅中留少许底油，将
葵丁倒入翻炒，淋入少
水，炒至秋葵发黏。

5. 将胡萝卜炒蛋倒入锅中
炒至均匀即可。

洋葱兔丁

材料： 洋葱、兔肉、食用油、食盐、鸡精、豆瓣酱。

做法：

1. 洋葱洗净切成小方块。
2. 兔肉洗净切成小粒后焯水待用。
3. 热锅加食用油，油烧到七分熟时放入豆瓣酱炒香，再倒入兔肉爆炒。
4. 加适量的清水用大火烧，水快收干时加洋葱翻炒，再加入食盐和鸡精起锅装盘。

甜椒炒鸡肝

材料： 鸡肝、甜椒、食用油、香油、姜末、料酒、食盐。

做法：

1. 甜椒洗净切成丝。
2. 鸡肝洗净切成薄片。
3. 锅内放食用油，油热后下入姜末和甜椒，将甜椒煸至断生。
4. 放入鸡肝大火猛炒，并加入料酒、香油、食盐，最后装盘即可。

营养美味的晚餐

第三章

如何吃好晚餐

生理学研究表明：人的消化吸收功能在一天24小时是不一样的，早上消化功能比下午强，晚上又比早上强，所以孩子的晚餐不能少吃。虽然说晚餐是三餐之中分量最轻的，但是这个原则可不适用于孩子，所以对于孩子的晚餐，尽量吃得丰富一点儿，亦不需要十分饱，所以妈妈可要帮助孩子掌握这个度。

晚餐距离第二天的早上相隔10小时左右，虽然说睡眠时无须补充食物，但孩子的生长发育却一刻也不会停止，夜间也是一样，仍需一定的营养物质。若晚餐吃得太少，则无法满足这种需求，长此以往，就会影响孩子的生长发育。可见，孩子的晚餐不仅不能少吃，还应吃饱吃好。

另外，给孩子吃晚餐要注意避免以下四个误区：

1. 孩子每天都要吃肉

错。素食者的饮食会使身体更加健康，而且在注意补充铁、锌和维生素B_{12}的情况下对各个年龄段的人都适用，甚至包括儿童和孕妇。当然，孩子不一定完全不吃肉，每周吃2~3次就够了。研究表明，肉食爱好者患结肠癌的概率呈上升趋势。

2. 汤泡饭好消化

错。有的孩子不爱吃菜，却喜欢用汤或水泡饭吃，这样很多饭粒还没有嚼烂就咽下去了。孩子的饮食安排应尽量做到花色品种多样化，荤素搭配，保证每日能摄入足量的蛋白质、脂肪、糖类以及维生素、矿物质等。

3. 晚餐孩子要吃少

错。晚餐要吃少，是对成年人尤其是老年人而言的，对少年儿童来说，则该另当别论。孩子正处在生长发育的旺盛时期，不论身体生长还是大脑发育均需大量的营养物质加以补充。

4. 晚餐吃得饱会影响睡眠

错。只要在孩子睡觉前1小时吃东西，都不会影响孩子的睡眠。

豆腐萝卜鲫鱼汤

材料：豆腐、鲫鱼、白萝卜、葱花、姜末、料酒、醋、食盐、食用油。

做法：

1. 将鲫鱼洗净后，在鱼身划几刀，抹上少许食盐；白萝卜切丝待用。
2. 锅中放食用油，油热后将鲫鱼的两面都稍煎一下。
3. 将葱姜末和适量料酒、醋放入锅中，加水煮沸后，加入豆腐和白萝卜丝。
4. 待汤汁成为乳白色后，撒上葱花即可出锅。

核桃排骨煲

材料： 排骨、枸杞、核桃、
红枣、当归、生姜、食盐

做法：

1. 排骨洗净剁成小段，枸
杞、红枣、核桃、当归洗净，
生姜拍松。

2. 上砂锅注放清水，放入
生姜、排骨、枸杞、核桃、
红枣和当归大火烧开，
改小火慢炖。

3. 汤散发浓香时放少许食
盐关火即可出锅。

荷兰豆炒魔芋

材料： 魔芋丝、荷兰豆、食盐、香醋、小红辣椒、橄榄油。

做法：

1. 荷兰豆摘去茎丝，小红辣椒竖切成两半。
2. 锅中加水，水中加香醋、食盐，将魔芋丝放进锅中煮开5分钟左右。
3. 捞出魔芋丝沥干水分。
4. 热锅中加橄榄油，再放入荷兰豆和红辣椒煸炒1分钟。
5. 倒入魔芋丝继续爆炒3分钟，再加食盐炒匀即可。

橄榄菜四季豆

材料： 四季豆、橄榄菜、胡萝卜、食盐、味精、酱油、蚝油、葱、姜、食用油。

做法：

1. 豆角摘洗干净后顶刀切成2~3cm的段备用。
2. 胡萝卜清洗干净切成与四季豆差不多大小的条备用。
3. 橄榄菜开瓶备用。
4. 锅放食用油，将四季豆在油温180℃下炸熟、炸透，捞出控油。
5. 锅内放少许底油，下入食盐、味精、酱油、蚝油、葱、姜和适当的水烧开，下入炸好的四季豆翻炒均匀，再下入适量的橄榄菜，搅拌均匀出锅即可。

两瓜炒鸡蛋

材料： 丝瓜、黄瓜、鸡蛋、木耳、小红椒、食盐、白糖、葱、姜、食用油。

做法：

1. 丝瓜去皮清洗后切片，黄瓜切片，鸡蛋打成蛋液，木耳冷水泡发后撕成小朵，红椒洗净去籽去蒂切成菱形片。

2. 锅内放水将木耳焯水，捞出控干水分。

3. 锅放底油，炒熟鸡蛋盛出备用。

4. 锅放底油，下入葱、姜、小红椒爆香。

5. 下入丝瓜、黄瓜和木耳大火翻炒。

6. 再放入鸡蛋、食盐、白糖翻炒均匀即可出锅。

凉拌笋藕片

材料： 莴笋、莲藕、蒜泥、醋、生抽、香油、红油、花椒油、食盐。

做法：

1. 莴笋去皮切片。

2. 莲藕去皮，切片，焯水。

3. 将莴笋片与莲藕片，加蒜泥、醋、香油、生抽、花椒油和红油以及食盐拌匀即可。

蜜汁煎三文鱼

材料： 三文鱼、酱油、淀粉、料酒、柠檬汁、蜂蜜、葱、姜片、食盐、食用油。

做法：

1. 三文鱼切成厚片，加酱油和水，用淀粉上浆。
2. 将上浆的三文鱼片加料酒、食盐、葱和姜片和匀并腌渍 10 分钟。
3. 热锅加食用油，待油五六分热时将三文鱼一片一片分开下锅煎炸至金黄。
4. 关火，将多余的油倒出。将蜂蜜、柠檬汁倒入煎炸好的三文鱼片上搅匀即可。

咖喱饭

材料： 剩杂粮饭、胡萝卜[
洋葱、熏干、豌豆、食用油
食盐、咖喱粉。

做法：

1. 胡萝卜、洋葱、熏干[
别切成小丁。

2. 热锅凉油，用少许洋[
下锅爆香，倒入胡萝卜[
略炒。

3. 倒入洗净的豌豆，调[
咖喱粉。

4. 翻炒一会儿至豌豆半熟[
倒入杂粮饭，不断翻炒[
均匀。

5. 倒入熏干丁、洋葱丁[
继续翻炒。最后调入少[
食盐，再彻底炒匀即可。

包菜肉末

材料： 圆白菜、肉末、火腿、食盐、食用油、酱油、鸡蛋清。

做法：

1. 圆白菜叶子切碎，火腿切成碎末待用。

2. 肉末里面放入少许的鸡蛋清和几滴酱油搅拌均匀待用。

3. 上锅加入清水，水开后加入圆白菜，30秒后捞出控干水分待用。

4. 热锅中倒入食用油，油热后倒入肉末和火腿粒大火翻炒，再加入圆白菜继续翻炒，关火放少许食盐炒匀，起锅装盘即可。

爆炒鱿鱼须

材料： 鱿鱼须、洋葱、香菜、白芝麻、孜然粉、胡椒粉、食盐、料酒、葱、姜、食用油。

做法：

1. 鱿鱼须自然解冻后切段焯水备用，洋葱去老皮清洗后切丝，香菜去根清洗后切段。

2. 锅放食用油，油七成热时下入鱿鱼须爆炒半分钟。

3. 再下入料酒、洋葱、食盐翻炒几下出锅控油备用。

4. 锅留底油煸香姜、葱，下入鱿鱼和洋葱翻炒，撒入孜然粉、胡椒粉、白芝麻翻炒均匀出锅撒上香菜即可。

牡蛎紫菜蛋花汤

材料: 牡蛎、紫菜、鸡蛋、
食用油、姜丝、葱花、料
胡椒粉、食盐。

做法:

1. 牡蛎洗净切成小片，
入盘内倒入料酒码10分
2. 紫菜用水泡好，鸡蛋
打散。
3. 上锅注入清水，放入
架，然后放入码好的牡蛎
20~30分钟，关火端出待
4. 上锅放入食用油，待
热后投入姜丝炒香，倒
紫菜（和水一起倒进锅内
如果水少了可再加些）
火烧开。
5. 倒入蒸好的牡蛎鸡蛋黄
放入胡椒粉、食盐，撒
葱花即可。

玉米蔬菜饼

材料： 玉米面、胡萝卜、洋葱、青椒、鸡蛋、食用油、食盐。

做法：

1. 将胡萝卜、洋葱、青椒分别洗净，切成小碎丁。
2. 将切好的几种蔬菜丁与玉米面混合，打入鸡蛋。
3. 调入少许食盐，加适量水，调成较浓稠的面糊。
4. 平底锅烧热，倒入少许食用油，舀一勺面糊倒入锅中，摊成小圆饼。
5. 煎至一面金黄后，翻个面，煎至两面都金黄即可。

油豆腐烧鸡胸肉

材料： 油豆腐、鸡胸肉、食
用油、蒜末、葱花、水淀粉、
食盐。

做法：

1. 鸡胸肉洗净切成小颗粒拌
入水淀粉。
2. 油豆腐用水冲洗，沥去水分。
3. 热锅中下食用油，油热后
放入鸡胸肉大火翻炒。
4. 加油豆腐继续翻炒，并注
入一小碗清水大火烧开。
5. 加蒜末、食盐，勾欠并撒
入葱花即可出锅。

营养开胃汤

材料： 芫荽、南豆腐、芡粉、醋、鸡蛋、
葱花、猪油、黑木耳、高汤。

做法：

1. 猪油煎熟，芫荽切碎，南豆腐切碎，
鸡蛋搅散，木耳切碎。
2. 锅中放高汤，水开后下南豆腐、木耳，
再倒入鸡蛋，边倒边搅。
3. 勾芡、关火，再下芫荽末、醋、猪油、
葱花即可起锅装盘。

松仁鸡米

料: 鸡胸肉、玉米粒、胡萝卜、青豆、松仁、白糖、食盐、味精、葱、姜、蒜、生粉、食用油。

做法:

. 鸡胸肉自然解冻后切成cm的小丁，上浆后滑油备用。

. 玉米粒和青豆自然解冻后备用。

. 胡萝卜去皮清洗后切cm的丁用水炒熟后备用。

. 松仁用食用油低温炸熟备用。

. 锅放水，水烧开后下入青豆、胡萝卜以及玉米粒焯约10秒钟，出锅控水备用。

. 锅放食用油，油七分热时下入鸡丁，滑油10秒钟出锅控油备用。

. 锅留底油，煸香葱、姜、蒜，下入适当的水、生粉一起烧至料汁黏稠，下入鸡肉丁、玉米粒、胡萝卜丁、青豆翻炒均匀出锅即可(把炸好的松仁撒在上面)。

豆腐鱼丸汤

材料： 豌豆尖、豆腐、鱼肉、生姜粒、葱花、食用油、鸡蛋清、食盐。

做法：

1. 鱼肉剁成鱼茸，豆腐切成条，豌豆尖洗净，鸡蛋清打散。
2. 把剁好的鱼肉装盘，倒入鸡蛋清拌匀。
3. 将食用油放入锅内，注入清水，下入生姜粒大火烧开。
4. 投入豆腐煮一小会儿，再下入鱼丸和豌豆尖大火煮开。
5. 最后下入食盐、撒入葱快速关火盛出。

疙瘩汤

材料: 番茄、面粉、鸡蛋、豆腐、肉末、小油菜、花生油、小葱、生抽、蒜末、食盐。

做法:

1. 番茄去皮，切成小块；豆腐切成粒待用。
2. 面粉加水，搅成絮状。
3. 小油菜切成碎末、小葱切成葱花。
4. 炒锅中放花生油，油热后放入蒜末，炒香。
5. 倒入肉末爆炒，再将番茄倒入炒锅中，炒出汤汁。
6. 锅中加水，水开后，将絮状面粉倒入锅中（注意一边搅拌一边放，以免粘连）。
7. 加入豆腐粒，水再开后保持2分钟，关火，将油菜末和葱花倒进锅中搅拌，再加入食盐和生抽即可。

干烧基围虾

材料: 基围虾、食用油、料酒、姜蒜末、食盐。

做法:

1. 将基围虾洗净去壳切成小颗粒。
2. 锅中放食用油，油热后放入姜蒜末炒香。
3. 投入虾大火急炒，放入料酒、食盐出锅即成。

豌豆鸡米

●**材料：**豌豆、猪瘦肉、食用油、蚝油、蒜片、水淀粉、食盐。

做法：

1. 豌豆洗净。
2. 猪瘦肉洗净剁成肉末，拌入蚝油和水淀粉。
3. 锅内放食用油，油热后下入蒜片和肉末大火翻炒。
4. 放入豌豆翻炒 1 分钟，然后注入适量清水（以漫过豌豆为宜）。
5. 改中火闷至豌豆熟透，加食盐出锅即成。

五色珍珠汤

材料： 面粉、猪肉、番茄、菠菜、藕、木耳、姜末、蒜末、食用油、食盐。

做法：

1. 将面粉加水搅拌成絮状，猪肉剁成肉馅儿（肉泥）。
2. 番茄切片，菠菜洗净切碎，藕切丁，木耳切丝。
3. 锅中放食用油，油五分热时放姜、蒜末煸香，放水烧开。
4. 加搅拌好的面放入沸水中，一边放一边搅，一边上絮状面分开不粘连。
5. 猪肉馅儿在油锅中稍炒，加入煮面锅中。
6. 再依次放入藕丁、番茄，最后放菠菜、食盐，煮熟即可出锅。

紫菜肉末饼

材料: 紫菜、猪里脊肉、猪肝、面粉、青豌豆、鸡蛋、食用油、食盐。

做法:

1. 紫菜洗净用刀切碎,鸡蛋打散。

2. 猪里脊肉剁成末,猪肝煮熟捻成末。

3. 用清水把面粉调匀(稍微稀点),把肉末、猪肝末和紫菜、鸡蛋、青豌豆、食盐放进去拌匀。

4. 将食用油放入平底锅内,待油热后把调好的面粉放进去摊成薄饼,两面成金黄色即可关火,盛出用刀切成块即可食用。

香菇虾盏

材料: 鲜香菇、鲜虾、食盐、香葱。

做法:

1. 香菇洗净,去掉香菇蒂。

2. 虾剥去壳,去虾线,洗净,剁成泥,最后调一点点食盐搅拌匀。

3. 将处理好的虾泥填入香菇中,蒸锅开火,至锅中水开后,放入香菇盏,蒸 5~6 分钟即可。

4. 将小香葱洗净切碎,撒在蒸好的香菇盏上即可。

西芹百合

材料： 西芹、百合、姜末、蒜末、红椒、食用油、食盐。

做法：

1. 将西芹洗净切成片，百合洗净，红椒洗净切成片。
2. 上炒锅将食用油放入锅内，待油热后下入姜末、蒜末炒香。
3. 再投入西芹、百合和红椒大火翻炒，下入食盐出锅即可。

洋葱炒火腿

材料：洋葱、火腿、食用油、食盐。

做法：

1. 洋葱洗净切成丝。
2. 火腿切成丝。
3. 将食用油放入锅内，热后下入火腿爆炒。
4. 放入洋葱丝和食盐稍炒 1 分钟出锅。

虾仁豆腐羹

材料： 豆腐、鸡蛋、鲜虾、鲜香菇、食盐、胡椒粉、香油、青椒末。

做法：

1. 豆腐放入大碗中，用勺子压成均匀的泥状。鲜虾剥去虾壳，去掉虾线，洗净后切成小丁，香菇洗净切成小丁。

2. 鸡蛋打入豆腐泥中，搅拌均匀。

3. 把虾仁丁、香菇倒入豆腐中，调入少许食盐、胡椒粉，彻底搅拌均匀。

4. 将豆腐泥盛入碗中，放入蒸锅中大火蒸 10~12 分钟。出锅后，淋少许香油，撒上一些青椒末即可。

糖醋仔排

材料： 仔排、生抽、老抽、香醋、料酒、白糖、食盐、食用油、姜丝、芝麻。

做法：

1. 仔排焯水，然后炖半小时捞出沥干水分。

2. 用料酒、生抽、老抽和姜丝、香醋、食盐将仔排腌渍 15 分钟。

3. 锅中放食用油，油热后将仔排一块一块地放进去炸，一边炸一边翻动。

4. 排骨炸至金黄色，放白糖，再倒入半碗炖排骨用过的汤。

5. 小火闷 20 分钟，收汁后撒上芝麻、淋上香醋即可出锅。

蔬菜炒面片

材料: 面片、香芹、胡萝卜、鸡蛋、番茄酱、食用油、葱花、食盐、香油。

做法:

1. 香芹洗净切成小块,胡萝卜洗净切成丝,鸡蛋炒熟盛出待用,其他材料准备好后,将面片煮至八九成熟捞出。

2. 锅烧热倒少许食用油,下葱花爆香,下胡萝卜丝炒软。

3. 倒入香芹,翻炒至略软。

4. 倒入煮好的面片,再倒入番茄酱。

5. 最后倒入炒好的鸡蛋,番茄均匀入味,根据口味调入少许食盐和香油即可。

白玉菜花

材料： 菜花、西蓝花、蒜蓉、食用油、食盐。

做法：

1. 将菜花和西蓝花洗净摘成小朵。
2. 上炒锅，将食用油放入锅内，待油热后投入菜花和西蓝花大火翻炒至熟，下入蒜蓉、食盐出锅即可。

鸡蛋炒豆苗

材料: 黑豆苗、鸡蛋、木耳、胡萝卜、食盐、香油、葱、蒜、食用油。

做法:

1. 豆苗摘洗干净控水备用。鸡蛋打成蛋液备用。

2. 木耳冷水泡发后切0.3cm×5cm的丝备用。

3. 胡萝卜去皮洗净切0.3cm×0.3cm×5cm的丝备用。

4. 锅内放水,待水烧开后下入豆苗、木耳、胡萝卜至八成熟倒出控水备用。

5. 锅内放少许底油,炒熟鸡蛋。

6. 锅内放少许底油,爆香葱、蒜,下入准备好的食材翻炒均匀,下入食盐和适当的水,翻炒均匀出锅,淋上香油即可。

鸡血豆腐羹

材料: 鸡血、豆腐、黑木耳、瘦肉、西蓝花、葱花、酱油、食用油、食盐、高汤、水淀粉。

做法:

1. 把豆腐和鸡血切成颗粒,黑木耳切丝,瘦肉剁馅儿,西蓝花削下冠部成碎末。

2. 瘦肉馅儿在热油中稍炒一下盛出待用。

3. 高汤烧开,下入豆腐、鸡血、黑木耳和瘦肉馅儿煮3~5分钟。

4. 加入西蓝花煮半分钟,再撒上葱花,加酱油、食盐,再用水淀粉勾芡即可出锅。

海带棒骨汤

材料： 海带、腐竹、芦笋、猪棒骨、花椒、生姜、食盐。

做法：

1. 海带洗净泡胀切成 3cm 左右方块，腐竹泡胀切成小段，芦笋洗净切成段，生姜切片。

2. 猪棒骨洗净，从骨中间敲断。

3. 上砂锅注入清水，放入生姜、花椒、猪大骨大火烧开，去掉浮沫。

4. 下入海带烧开，改小火慢炖至汤白。

5. 再下入腐竹炖 10 分钟，最后下入芦笋和食盐烧开，5 分钟后关火即可。

凉拌海蜇丝

● **材料**：海蜇、黄瓜、白糖、香油、香醋、食盐。

做法：

1. 将海蜇皮发泡 24 小时，洗净并切条。
2. 将海蜇丝放入热水中稍微烫一下，捞出再在凉水中发泡。
3. 将黄瓜切片，并均匀摆到盘底，做出花纹装饰。
4. 将海蜇丝加食盐、白糖、香醋和香油拌匀，倒在黄瓜片上即可。

肉片杏鲍菇

材料: 杏鲍菇、猪肉、胡萝卜、木耳、食盐、酱油、味精、蚝油、料酒、葱、姜、食用油。

做法:

1. 猪肉切片上浆备用。
2. 杏鲍菇清洗后中间破开切斜刀片备用。
3. 胡萝卜去皮清洗后切菱形片。
4. 木耳泡发后掰2~3cm的朵片。
5. 锅放食用油将肉片滑油后捞出控油备用。
6. 锅放水烧开后分别将杏鲍菇、胡萝卜、木耳焯水后控水备用。
7. 锅放底油,煸香葱、姜,用食盐、酱油、味精、蚝油、料酒、葱、姜调成调味汁,待之黏稠后下入杏鲍菇、胡萝卜、木耳翻炒均匀出锅即可。

群菇荟萃

材料: 香菇、蘑菇、鸡腿菇、杏鲍菇、食盐、食用油、青红辣椒、水淀粉。

做法:

1. 将香菇、蘑菇、鸡腿菇和杏鲍菇洗净切成片。
2. 上锅注入清水烧开后下入所有的菇类余水冲净。
3. 上锅将食用油放入锅内,待油热至七成时改小火,下入青红辣椒炒香,投入余好的菇类,注入一点儿清水翻炒后,下入食盐和水淀粉炒匀后关火即可。

131

清炒西蓝花

●**材料：** 西蓝花、蒜末、食用油。

做法：

1. 将西蓝花洗净，掰成小朵。
2. 热锅中放食用油，油热后放西蓝花爆炒半分钟。
3. 锅中放少许水，盖上锅盖，5分钟后待水收干，倒入蒜末炒匀即可出锅。

三色对虾

材料： 金针菇、小白菜、南美对虾、生姜、葱头、红甜椒、食用油、蚝油、食盐。

做法：

1. 金针菇去头洗净，小白菜洗净手撕成丝，生姜拍碎，葱头拍松，红甜椒洗净切成小块。
2. 南美对虾去头去壳，洗净。
3. 将食用油放入锅内，待油热后下入生姜、葱头、对虾爆炒。
4. 下入金针菇、小白菜、红甜椒大火炒至白菜熟。
5. 下入蚝油和食盐拌匀出锅即成。

三丝拌通心粉

材料： 意大利通心粉、胡萝卜、鸡腿菇、莴笋、橄榄油、鸡汤、酱油、醋、葱花。

做法：

1. 胡萝卜、鸡腿菇、莴笋分别切丝。
2. 将意大利通心粉煮熟，过滤掉水分。
3. 用橄榄油将胡萝卜、鸡腿菇、莴笋丝大火快炒。
4. 将炒好的三色丝与鸡汤共同倒入通心粉中，加入少量酱油、醋拌匀，撒上葱花即可。

双菇烧竹荪

材料： 干竹荪、干香菇、口蘑、茼蒿、食盐、姜末、食用油。

做法：

1. 竹荪与香菇洗净，用水发泡，切成片。
2. 口蘑切片，茼蒿去除老叶，洗净待用。
3. 炒锅放食用油，油热后将上述两菇一荪倒入锅中爆炒。
4. 锅中放发泡用水，一起烧沸，加姜末、食盐、茼蒿。
5. 待茼蒿烧熟即可出锅。

山药炖猪蹄

原料： 山药、猪蹄、生姜、花椒、葱花、食盐。

做法：

将山药洗净去皮，猪蹄洗净剁成块（猪蹄一定去净毛和蹄指），生姜拍松。

上锅，大火把锅烧热，倒入猪蹄炒干水分捞出。

把炒好的猪蹄倒入沙锅，注入适量的清水。

放入拍好的生姜、花椒大火烧开，改小火慢炖。

炖至汤白时倒入山药、食盐慢炖 20 分钟。

装盛好之后撒上葱花即可。

上汤芥蓝

材料：芥蓝、高汤（骨头汤）、虾米、食盐、食用油。

做法：

1. 芥蓝洗净，茎部稍老的地方去皮，干香菇发泡切片。
2. 锅中放食用油，油热后放芥蓝清炒几下。
3. 加高汤、虾米和食盐，稍微收汤即可出锅。

红烧蛋豆腐

材料： 鹌鹑蛋、豆腐、大白菜、枸杞、蚝油、食盐、葱、姜、蒜、生粉、食用油。

做法：

1. 白菜清洗干净手撕成片，鹌鹑蛋煮熟剥去壳，豆腐切块，枸杞泡发后备用。

2. 锅中放食用油，将切好的豆腐表皮炸脆，盛出备用。

3. 在另一锅中将白菜炒熟。

4. 锅留底油，煸香葱、姜、蒜，下入蚝油和适当的水和生粉，待汁黏稠后下入鹌鹑蛋、豆腐和白菜翻炒均匀，撒上食盐、枸杞出锅即可。

麻香豆腐渣

材料： 豆腐渣、葱花、食盐、味精、食用油、花椒、干辣椒。

做法：

1. 将豆腐渣放入盆中，上蒸锅蒸熟。

2. 热锅中放食用油，油七分热时放入花椒与干辣椒，10秒钟后关火，油稍冷滤出花椒和辣椒。

3. 继续开火，将豆腐渣倒入辣椒油中翻炒，再放入食盐、葱花和味精炒匀即可。

青椒烧毛豆

●**材料：** 青椒、毛豆粒、蒜末、姜末、食用油。

做法：

1. 将青椒洗净，切 0.5cm 长短的小粒，毛豆洗净控干水分。
2. 锅中放食用油，油热后放姜末煸香，再放入毛豆爆炒 5 分钟。
3. 放青椒继续煸炒，最后放蒜末炒半分钟即可出锅。

肉松炝空心菜

材料：肉松、空心菜、柠檬、食盐、食用油。

做法：

1. 将空心菜洗净，将茎拍破切段并焯水，柠檬泡水。
2. 热锅中放食用油，油热后放入空心菜急火爆炒。
3. 将少许柠檬水加入锅中，倒入肉松和食盐炒匀即可关火出锅。

三鲜烩饭

材料： 米饭、虾米、鳕鱼、瘦肉、食盐、高汤、生粉、香油、食用油、韩国辣酱、青菜。

做法：

1. 虾米洗净，鳕鱼洗净剁成末，放入生粉拌匀。
2. 瘦肉洗净切片，放入香油和生粉搅拌均匀，腌渍几分钟。
3. 米饭蒸好装入盘内。
4. 上蒸锅，蒸架注入清水，将虾米和鳕鱼蒸10分钟左右拿出待用。
5. 青菜洗净切末。
6. 上炒锅，将食用油放入锅内热后投入瘦肉炒熟，下入青菜一起炒好盛出。
7. 把蒸好的鱼、虾米、瘦肉和青菜一起装入白饭盘内。
8. 上炒锅，将食用油放入锅内，待热后下入辣酱和高汤，注入适量清水大火烧沸，下入食盐、香油和生粉，煮至黏稠淋在白饭上即可。

丝瓜蘑菇汤

材料： 丝瓜、蘑菇、葱、姜、食用油、香油、食盐。

做法：

1. 将丝瓜洗净去皮，切成丝。
2. 蘑菇切片。
3. 葱切成葱花，姜切成姜末。
4. 热锅中放食用油，油热后将姜末放入，煸香后放水，煮沸。
5. 将丝瓜和蘑菇放入沸水中，3分钟后熄火，放入葱花、香油、食盐即可出锅。

蔬蘑莜面卷

材料： 熟莜面卷、乌塌菜、白蘑菇、鸡蛋、食用油、食盐、香油。

做法：

1. 将乌塌菜洗净，将叶子一片片从根部摘下来。白蘑菇洗净，切片。
2. 锅烧热倒入少许食用油，倒入蘑菇片，翻炒至软。
3. 加入热水，烧至沸腾。
4. 将鸡蛋整个打入沸水中，待略凝固时放入莜面卷，并用筷子或汤勺轻轻按压，使莜面卷浸入汤中。
5. 随后将乌塌菜放入锅中，炙至软。
6. 最后调入少许食盐和几滴香油调味即可。

酸辣豆腐

材料： 豆腐、青椒、木耳、葱花、生姜、蒜末、香醋、食用油、水淀粉、食盐。

做法：

1. 青椒洗净切成小颗粒。
2. 木耳洗净泡好撕成小块。
3. 豆腐洗净切成小块。
4. 将食用油放入锅内，待油热后下入豆腐炸至两面金黄色捞出待用。
5. 豆腐捞出以后下入撕好的木耳翻炒几下捞出。
6. 下入青椒粒和姜蒜末炒香，注入少量的清水。
7. 下入炸好的豆腐，加香醋大火烧入味，放入食盐和水淀粉，撒放葱花出锅即成。

香葱炒香菇

材料： 干香菇、小香葱、食用油、生抽。

做法：

1. 干香菇用清水冲洗干净，放入碗中，清水泡发。可在前一天晚上泡好水放在冰箱中，第二天一早直接用就可以。小香葱洗净，去掉根须，切碎。

2. 将泡好的香菇挤去水分，切成小块，香菇水待用。

3. 炒锅烧热倒入食用油，先下少许香葱爆香，随后将香菇块倒入锅中，略加翻炒。

4. 倒入一些香菇水，煮至香菇软熟、汤水基本收干时，调入少许生抽，再将香葱碎倒入。关火，用余温翻炒均匀即可。

洋葱炒猪肝

材料： 洋葱、猪肝、泡姜（泡菜里的姜）、食用油、水淀粉、食盐。

做法：

1. 洋葱洗净切成丝、泡姜切丝。

2. 猪肝用盐水泡 10 分钟后切成薄片拌入水淀粉。

3. 将食用油放入锅内热后投入猪肝和泡姜丝，大火爆炒，再下入洋葱丝、食盐出锅即成。

银芽炒鱼丝

材料： 绿豆芽、草鱼肉、食用油、食盐、鸡精、蚝油、蒜末、鸡蛋清。

做法：

1. 绿豆芽洗净待用。
2. 鱼肉切成丝，加入鸡蛋清、食盐、蚝油搅拌均匀待用。
3. 锅内倒入食用油，待油热后倒入鱼丝，大火翻炒，再下入绿豆芽翻炒。
4. 最后放入蒜末、食盐、鸡精，起锅装盘。

鲜扇贝炒虾皮

料：鲜扇贝、虾皮、生
、料酒、食盐、食用油。

法：
将鲜扇贝洗净去掉周
的肉，将中间白色的
撕成丝。
虾皮用少许水泡一下，
菜切成末。
将食用油放入锅中，
热后放入扇贝丝和虾
并用油滑开再翻炒。
加料酒，再加生菜稍
，最后放入适量食盐
可出锅。

酸辣鱼片

材料：草鱼、酸菜、泡椒、粉丝、鸡蛋清、姜片、葱花、食盐、味精、料酒、花椒、淀粉、食用油。

做法：

1. 草鱼宰杀后洗净，从背部沿着脊背用刀划开至鱼骨为止，然后向两边剔出两扇鱼肉来，鱼骨切段。
2. 将鱼肉斜刀切成片，取鸡蛋清、食盐、料酒、淀粉、花椒、姜片与之混合，腌15分钟。
3. 将酸菜切碎，放油锅炒1分钟，再放入清水，加入泡椒。
4. 水开后将鱼骨放入，1分钟后将鱼肉片一片片放入。
5. 放入粉丝，待鱼片变色后关火，撒上葱花即可出锅。

酸辣土豆丝

材料：土豆、大白菜梗、胡萝卜、干辣椒、干花椒、食盐、食用油、醋。

做法：

1. 将土豆去皮切丝，大白菜梗切丝，胡萝卜洗净切丝。
2. 锅中放食用油，油热后放干辣椒与干花椒稍炸。
3. 迅速放入3种切好的丝爆炒。
4. 将醋从锅边浇下去。
5. 放食盐炒匀即可出锅。

平底锅米饭披萨

材料： 米饭、北极虾、洋葱、嫩豌豆、煮鸡蛋、马苏里拉奶酪、番茄酱、食用油、食盐。

做法：

1. 将北极虾剥去壳去头，切成小丁，洋葱洗净切成小丁，煮鸡蛋剥开切碎。

2. 锅烧热倒入少许食用油，下洋葱碎炒香。

3. 倒入豌豆，淋入少许水，焖1~2分钟。

4. 将切碎的鸡蛋和北极虾倒入，调入少许食盐，炒匀即可。

5. 取一点米饭包入保鲜膜中。

6. 用手掌将米饭压扁压实，然后取出，放入平底锅中。

7. 在米饼上涂一层番茄酱。

8. 把准备好的菜放在上面，再在上面撒上马苏里拉奶酪。

9. 平底锅上盖好盖子，小火加热8~10分钟，至奶酪融化即可。

酸菜粉丝汤

材料：酸菜、粉丝、食用油、肥牛卷、葱花、姜末。

做法：

1. 酸菜切碎。
2. 锅中放食用油，油热后下入姜末煸香，再放入酸菜爆炒。
3. 锅中放清水，水开后放粉丝。
4. 粉丝煮软后放肥牛卷，肥牛卷变色后即可关火。
5. 撒上葱花，出锅。

蔬菜煮面片

材料: 面片、西蓝花、胡萝卜、菊花菜、香菇、鸡蛋、食盐、醋、香油。

做法:

1. 将蔬菜都洗净切好备用。
2. 小锅中煮水，水开后，先下胡萝卜片和香菇片。
3. 待水沸腾后，下面片煮。
4. 水沸腾后，下西蓝花和菊花菜。
5. 再次等水沸腾，将鸡蛋打入其中，煮至鸡蛋凝固，调入食盐、醋、香油或喜欢的调料即可。

五彩冬瓜汤

材料: 冬瓜、火腿肠、木耳、口蘑、冬笋尖、黄瓜、葱花、姜片、鸡汤。

做法:

1. 将冬瓜切丁，木耳切成末。黄瓜、火腿肠、冬笋尖、口蘑切片。
2. 把葱花及黄瓜以外的所有材料一起放入炖盅，加鸡汤炖至冬瓜酥烂，起锅前加入黄瓜片，撒上葱花即可。

营养美味零食自己做

第四章

让孩子健康吃零食

说到零食，很多家长对它褒贬不一，有人觉得零食没有营养，并且会影响孩子吃正餐。有的家长则觉得，零食不健康，对孩子的生长发育有影响。

其实，并不是所有的零食都对健康有害的，只要选择好零食，科学地进行零食补偿，对孩子的健康是大有益处的。

那么，如何选择健康的零食呢？

首先，要选择健康的、有营养、无副作用的零食。零食的安全卫生尤为重要，孩子吃零食的时候也要注意卫生，提醒孩子先洗手，如果可以的话，不要用手抓取零食食用。另外，还要杜绝街上的三无零食，这样的零食缺乏安全监管，安全状况堪忧。

其次，少吃油炸或高热量的甜食，这样的食品吃多了，容易让孩子发胖，并且还会加重肾脏的代谢负担。

第三，吃零食的时间要安排好，不要选择在正餐之前吃零食，玩游戏或者看电视的时候也不要让孩子吃零食，这样容易吃多，因为手抓过别的东西，吃零食也不卫生。

最后，家长也要懂得如何为孩子搭配健康的零食，并告诉孩子，让孩子自己对零食也有个正确的认识。

零食并不是洪水猛兽，只要能吃好，搭配好，它也能对孩子的健康成长起到积极作用。

椰汁红豆糕

材料: 椰汁、淡奶油、白砂糖、香草精、吉利丁粉、蜜红豆。

做法:

1. 将椰汁倒入奶锅中,加入淡奶油、白砂糖,搅拌均匀。
2. 将奶锅坐于火上小火加热,至即将沸腾时离火。
3. 加入香草精,搅拌均匀,凉凉备用。
4. 将吉利丁粉置于小碗中。
5. 加入适量清水,搅拌均匀,浸泡3分钟。
6. 微波高火30秒至颜色透明。
7. 将吉利丁溶液倒入椰汁奶油中,混合均匀。
8. 在玛德琳模具中放入适量蜜红豆。
9. 将锅中溶液倒入模具中,放入冰箱冷藏4小时至凝固,食用时脱模即可。

椰蓉紫薯奶油球

材料： 紫薯、糖粉、淡奶油奶酪、椰蓉。

做法：

1. 取紫薯3个，将紫薯洗净去皮切成小块，放入蒸锅中。
2. 大火煮沸后转小火，蒸15分钟。
3. 将蒸好的紫薯取出置于一大碗中碾压成泥。
4. 趁热加入糖粉，搅拌均匀。
5. 淡奶油奶酪室温软化。
6. 将淡奶油奶酪加入紫薯中，用搅拌机搅打成泥。
7. 用橡皮刮刀拌成团。
8. 取50g左右紫薯泥，搓成光滑的圆球。
9. 放入椰蓉中打个滚，使其表面均匀地沾上椰蓉。放入纸托中即可。

山楂蓝莓沙拉

材料： 山楂、蓝莓、酸奶。

做法：
山楂洗净去籽，蓝莓洗净，倒入酸奶拌匀即可。

番茄鱼籽盅

材料： 西米、香橙味果珍粉、番茄、装饰叶子。

做法：

1. 将西米置于一大碗中。装入 3 倍以上的冷水，浸泡 15 分钟。

2. 将汤锅注水煮沸。

3. 下入泡好的西米，煮至再次沸腾时关火。

4. 盖上盖子闷 5 分钟。

5. 然后倒出过水冲洗。

6. 再煮一锅沸水，将西米再次倒入，一边煮一边搅拌，煮至西米完全透明时关火。

7. 准备一袋香橙味果珍。

8. 取果粉置于一大碗中，加少量白开水调匀。

9. 然后将煮好的西米捞出置于碗中，浸泡 15~20 分钟。

10. 将番茄切去顶部，用小勺掏空。

11. 取 2 片叶子垫底，将泡好的西米盛入番茄盅中即可。

小狗可可慕斯

材料：淡奶油、糖粉、可可粉、吉利丁粉、奥利奥饼干、巧克力豆。

做法：

1. 将淡奶油倒入打蛋盆中，加入糖粉。
2. 用电动打蛋器，先低速再高速打发至刚刚出现纹路即可。
3. 筛入可可粉，再次搅打均匀。
4. 将吉利丁粉用冷水浸泡3分钟。
5. 用微波炉加热30秒至透明，晾至常温。
6. 将吉利丁溶液倒入奶油糊中。
7. 用橡皮刮刀快速搅拌均匀。
8. 装入一个圆形小碗中，放入冰箱冷藏1小时以上使其凝固。
9. 将未用完的慕斯糊装入裱花袋中，扎紧袋口备用。
10. 将已经凝固的慕斯取出，将裱花袋剪出圆孔，在小碗下方挤出圆形奶油。
11. 将奥利奥饼干斜插在上方做成小狗的耳朵，然后用巧克力豆装饰出小狗的眼睛和鼻子即可。

超萌小·鸡烧果子

材料：炼乳、蛋黄、低筋面粉、蛋清、巧克力酱。

做法：

1. 取一大碗，装入炼乳和蛋黄，搅打均匀，筛入低筋面粉。
2. 用橡皮刮刀拌成絮状。
3. 再用手揉和成光滑的面团。
4. 包上保鲜膜，放入冰箱冷藏 30 分钟。
5. 将面团取出，用刮板分割成 7 份，其中 6 份略大，1 份略小。
6. 将较大的面团搓圆后揉捏成小鸡的形状，再将小面团取一小片，做成小鸡的翅膀。
7. 将整形好的小鸡排入烤盘，表面刷少量打散的蛋清。
8. 烤箱预热，上下火 170℃，放入烤箱中层，烤 15~20 分钟，取出晾至稍凉。
9. 将挤酱笔中装入适量巧克力酱。
10. 挤出小鸡的眼睛和翅膀羽毛。

香橙熊仔蛋糕

材料： 鸡蛋、纯牛奶、细砂糖、低筋面粉、色拉油、香橙果酱。

做法：

1. 将鸡蛋加入细砂糖打发。
2. 加入牛奶、色拉油和香橙果酱，搅拌均匀。
3. 筛入低筋面粉，拌成均匀的面糊。
4. 将模具刷油。
5. 将面糊倒入蛋糕模中，约九分满。烤箱预热，上下火180℃，中层，烤10~15分钟即可。

双色彩笛卷

材料： 糖粉、香草精、黄油、蛋白、低筋面粉、抹茶粉、可可粉。

做法：

1. 将糖粉置于碗中，加入香草精，加入黄油。
2. 将平底锅注水，中火加热，将碗置于水中隔水加热。
3. 一边搅拌一边加热至完全融化时关火。
4. 将蛋白倒入黄油碗中。
5. 用手动打蛋器以不规则方向搅拌均匀。
6. 筛入低筋面粉。
7. 继续用打蛋器以不规则方向搅拌均匀。
8. 准备两个小碟，各取一勺面糊，分别加入适量可可粉和抹茶粉搅拌均匀。
9. 将裱花袋剪去上部，只留下面15cm长，将两种面糊装入袋内备用。
10. 将烤盘刷薄油，用汤勺取一勺面糊倒在烤盘上，并用勺背摊成10cm左右的圆片。
11. 将裱花袋前端剪一个小口，在圆片中挤出平行线条，烤箱预热，上火170℃，下火150℃，中层，烤12~15分钟。
12. 取出后沿边缘揭下面皮，趁热用筷子卷起，冷却后即可定型。

雪花椰奶蛋白冻糕

材料: 琼脂、清水、椰汁、淡奶油、玉米淀粉、蛋白、糖粉。

做法:

1. 将琼脂浸泡在 200g 清水中5~10 分钟,使其充分涨发。

2. 将泡好的琼脂连水一起倒入奶锅中,中小火加热。

3. 待加热至沸腾后转小火,一边加热一边搅拌,至琼脂完全溶化。

4. 加入椰汁与淡奶油搅拌均匀,小火加热至即将沸腾时关火。

5. 将玉米淀粉加入水中调匀,倒入奶锅中,搅拌均匀。

6. 再次开小火,一边加热一边搅拌,感觉溶液开始变得浓稠呈奶糊状时,立即关火,将奶锅坐于冰水中冷却。

7. 将蛋白打至起粗泡后,分3 次加入糖粉,搅打至七分发(即刚刚出现纹路即可)。

8. 将打发的蛋白刮入奶糊中,搅拌均匀。

9. 转入雪花硅胶模具中,放入冰箱冷藏 2 小时以上,取出脱模即可食用。

水果奶酪布丁

材料： 纯牛奶、原味酸奶、白砂糖、吉利丁粉、各式水果、巧克力酱、装饰用薄荷叶。

做法：

1. 将用开水将酸奶机配套的专用碗消毒，将牛奶与酸奶倒入碗中，用消过毒的干净小勺搅拌均匀。

2. 盖上碗盖，放入酸奶机中。

3. 从边缘注入适量开水没至与碗壁齐平即可。

4. 盖上酸奶机的盖子，通电，发酵 8 小时。

5. 8 小时后，在发酵好的酸奶中趁热加入白砂糖，搅拌至糖粒溶化，盖上盖子送入冰箱冷藏中止发酵。

6. 将吉利丁粉置于小碗中，加入清水搅拌均匀。

7. 微波高火 30 秒至颜色透明。

8. 取酸奶，将溶液冷却至常温或者常温以下后倒入酸奶中，搅拌均匀。

9. 转入花朵模具中，放入冰箱冷藏 4 小时。

10. 食用时将模具取出，放入热水中 30 秒左右取出，注意水不要没过模具。

11. 倒扣脱模于盘中。

12. 在盘中装饰上各式水果、薄荷叶，表面挤上少量巧克力酱即可。

玛德琳贝壳蛋糕

材料： 无盐黄油、细砂糖、食盐、鸡蛋、香草精、低筋面粉、泡打粉。

做法：

1. 将黄油隔水加热至融化。用羊毛刷蘸少许融化后的黄油在玛德琳模具内壁均匀地刷一遍，然后将模具送入冰箱中冷藏备用。

2. 在融化的黄油中加入细砂糖和食盐，一边隔水加热，一边用打蛋器搅打，至糖油乳化，然后关火取出晾至稍凉。

3. 将鸡蛋打入小碗中，搅打均匀。

4. 分 2~3 次将全蛋液加入黄油盆中，每加一次都要完全搅打至糊化后再加第二次，搅打均匀。

5. 加入香草精，搅打均匀。

6. 将低筋面粉和泡打粉混合后筛入盆中。

7. 用橡皮刮刀拌匀至面糊光滑无颗粒，黏稠有延展性。

8. 装入裱花袋中，放入冰箱冷藏 1 小时，然后取出回温至有流动性。

9. 将面糊挤入玛德琳模具中，约八分满。

10. 烤箱预热，上下火 180℃，中层，烤 20 分钟左右。取出凉至稍凉即可脱模。